CAPITALISMO Y DEMOCRACIA
1756-1848

SERIE MAYOR

JOSEP FONTANA

CAPITALISMO Y DEMOCRACIA 1756-1848

Cómo empezó este engaño

Traducción castellana de
Silvia Furió

CRÍTICA
BARCELONA

Primera edición: mayo de 2019

Capitalismo y democracia 1756-1848. Cómo empezó este engaño
Josep Fontana Lázaro

Título original: *Capitalisme i democràcia, 1756-1848. Com va començar aquest engany*

Av. Diagonal, 662-664, 08034 Barcelona (España)
Crítica es un sello editorial de Editorial Planeta, S. A.

editorial@ed-critica.es
www.ed-critica.es

ISBN: 978-84-9199-104-5
Depósito legal: B. 4925 - 2019
2019. Impreso y encuadernado en España por Liberdúplex

El papel utilizado para la impresión de este libro es 100% libre de cloro y está calificado como papel ecológico.

PREFACIO

Vivimos en un mundo constituido mayoritariamente por estados cuyas formas de gobierno son democracias parlamentarias basadas en constituciones que garantizan los derechos y libertades de todos los ciudadanos, pero donde los gobiernos elegidos tratan de favorecer los intereses económicos de las grandes empresas y de los más ricos. La vida política se lleva a cabo públicamente atendiendo a los problemas que afectan al conjunto de los ciudadanos, mientras que la trama de la legislación en beneficio de los intereses del capital financiero y de los grandes empresarios se mantiene discretamente en la sombra. El resultado es que los gobiernos que hemos elegido entre todos porque prometían velar por nuestro bienestar han acabado convirtiéndose en cómplices tolerantes de un proceso que favorece el enriquecimiento de un grupo reducido a costa de la mayoría y que engendra con ello una sociedad cada vez más desigual.

Este libro tiene por objetivo explicar cómo empezó todo este sistema partiendo de unos momentos en que se estaba produciendo en Europa un crecimiento económico generado desde abajo, desde la iniciativa de los campesinos y menestrales, que apuntaba hacia una nueva sociedad más igualitaria. Los grupos dominantes de la vieja sociedad, terratenientes y burgueses, quisieron adueñarse de los beneficios de este crecimiento con el auxilio de unos gobiernos a los que de hecho controlaban y a los que les bastaba con fijar las reglas del mercado, presentadas como una condición «natural» para el progreso colectivo. No obstante, mientras eso sucedía, la Revolución francesa apareció como una importante amenaza que podía subvertir por completo el orden social existente.

En torno a 1814, después de haber frenado la susodicha amenaza, los gobiernos europeos emprendieron la tarea de restaurar el viejo orden social a la par que seguían favoreciendo el desarrollo del capitalismo. Tuvieron que transcurrir cuarenta años de probaturas para llegar a establecer una fórmula que permitiera, con el triunfo de la revolución burguesa, mantener una ilusión de libertad democrática que al mismo tiempo garantizara a los propietarios el control del poder impidiendo que los otros, el amplio grupo al que el capitalismo estaba expropiando el fruto de su trabajo, tuvieran acceso al mismo.

Puede considerarse que a partir de 1848 quedó establecido un sistema que, en términos generales, era similar al que rige hoy en día, con mejoras que se fueron añadiendo, como la de conseguir controlar los resultados electorales mediante el sufragio universal. No obstante, a lo largo de todo este tiempo, se pueden rastrear los vestigios, negligidos por la erudición académica, de otra propuesta de democracia igualitaria que no se basaba en el dominio de los propietarios, sino en el de los consejos y sindicatos. De hecho, hubo unos años, entre 1945 y 1989, en que, debido a la influencia de la revolución soviética y del auge de los sindicatos en el mundo capitalista, pareció posible la consolidación de algo parecido a este proyecto igualitario. Pero el capitalismo salió vencedor de la pugna y hoy en día domina nuestras vidas.

Sin embargo, todavía hay algunos teóricos contemporáneos de la lucha contra el capitalismo, como William I. Robinson, que sostienen que la gran esperanza consiste en recuperar esta democracia igualitaria: en un gran despertar colectivo que cristalice en un «proyecto popular transnacional» que será el equivalente de la «revolución socialista mundial» planteada por Lenin en 1917, pero sin estar protagonizado por partidos políticos a la vieja usanza, es decir, por élites dirigiendo a las masas, sino por fuerzas surgidas desde abajo, de las luchas cotidianas de los hombres y de las mujeres.[1]

Al explicar de forma diferente cómo nació el capitalismo, el presente volumen pretende, no tanto esclarecer el pasado sino, mediante su estudio, ayudarnos a entender mejor cómo actúa en el presente.

Capítulo 1

UN MUNDO EN PROCESO DE CAMBIO

Tras los desastres sucedidos en el siglo XVII en la Europa occidental, afectada además por el cambio climático de la pequeña glaciación, el XVIII fue sin duda un tiempo de recuperación, sobre todo en su segunda mitad.[1] Dos factores contribuyeron a este crecimiento, especialmente activo en los países más desarrollados como Gran Bretaña, Holanda y Francia, que marca el momento en que Europa protagoniza la «gran divergencia» que la situaría a la cabeza del resto del mundo en términos de progreso y riqueza.[2] El primero tuvo como protagonista a la burguesía de negocios implicada en el comercio internacional, asociada en la gestión de los capitales a los terratenientes, que completaría ahora una larga etapa de progreso. En cambio, el segundo factor sería obra del campesinado y menestralía, que iniciarían un proceso de crecimiento interno. La combinación de ambos estímulos redundó en un cambio esencial en la historia.

La formación de un mercado mundial

La expansión del comercio internacional europeo se produjo en dos direcciones distintas. Por un lado, se inició en el territorio continental de América, donde los españoles obtenían la plata, que durante mucho tiempo sería la mercancía fundamental del comercio internacional, conseguida con una fuerza de trabajo que sometían a la presión combinada de la compulsión —«presupuesta la repugnancia que muestran los indios al trabajo, no se puede escusar el compelerlos»—

con las formas de integración forzada en el mercado del trabajo asalariado, expulsándolos de sus economías de subsistencia. Posteriormente, en el siglo XVIII, comenzaría una nueva etapa de la expansión de América, centrada en el Caribe, de la que hablaremos más adelante.[3]

Muy diferente fue la extensión hacia Oriente, hacia el Índico, donde en un principio encontraron un comercio local bastante desarrollado, al que llegaban como participantes de segunda categoría para negociar y proporcionar servicios, casi inadvertidos al inicio. Como «las moscas a la miel», así se ha calificado la presencia de los holandeses en las islas que forman la actual Indonesia. Como no tenían superioridad militar ni naval en la región, sus ansias de conquista se limitaron inicialmente a imponerse en las pequeñas comunidades locales sin enfrentarse a las potencias dominantes, o a gestionar establecimientos consentidos por dichas potencias, como harían los portugueses en Macao o en Nagasaki.[4]

Los primeros en llegar e instalarse en el Índico fueron los portugueses, que no solo se dedicaban al intercambio de productos entre Oriente y Occidente, sino que participaban en el comercio interior entre los países de aquella zona, pero al carecer a menudo de marinos y de barcos para atender al tráfico, se veían obligados a recurrir a marineros nativos de dichas tierras o a los ingleses, en virtud de la alianza establecida con Inglaterra tras conseguir la independencia en 1640, con el fin de asegurarse una protección contra España.[5]

En el siglo XVII irrumpieron en este escenario asiático otros importantes grupos europeos, entre ellos los holandeses, ingleses y franceses, que actuaban a través de compañías oficiales: la Verenigde Oostindische Compagnie holandesa (VOC), la East India Company británica (EIC) y la Compagnie Française des Indes Orientales, creada por Colbert en 1664, a las que se añadirían, entre otras, las compañías danesas y suecas.

Los holandeses, que a mediados del siglo XVII tenían ya la flota más grande del mundo, fueron los primeros en imponerse. Dado que las rutas tradicionales de su comercio en el Mediterráneo y el Báltico sufrían las consecuencias del enfrentamiento con España, a partir de 1590 se dedicaron al tráfico de productos de lujo procedentes de Oriente. En 1602 fundaron la VOC, a la que se le atribuía la facultad de usar las armas, tal y como hizo al principio para establecerse en las islas de la actual Indonesia, centro del aprovisionamiento de las especias, fijando su capital en Bantam, en la isla de Java, hasta su traslado a Yakarta en 1619. Los holandeses eran partidarios de asegurar la continuidad del comercio mediante el uso de la fuerza: construyeron fortalezas y amurallaron ciudades. Consiguieron así desplazar a los portugueses de muchas de sus bases, como Colombo y Malaka, y dominar el comercio de las especias con Europa en una situación de monopolio que se vio reforzada en 1652 al fundarse la colonia de El Cabo, en el sur del continente africano, enclave que haría las veces de lugar de reposo y de depósito.[6]

Tras los holandeses aparecieron en el Índico los ingleses, con la East India Company. Ambas compañías, que podían colocar sus acciones en los mercados bursátiles de Ámsterdam y Londres, conseguían movilizar grandes capitales y pudieron establecer factorías en las costas de África y Asia, fortificarlas para su defensa y negociar por su cuenta pactos con los poderes locales a fin de mantener activas las relaciones económicas con el interior. Hay que destacar, no obstante, que se trataba de sociedades anónimas que trabajaban en beneficio de sus accionistas, a los que proporcionaban dividendos (los de la VOC oscilaban entre el 12 y el 50 %), y procuraban impedir la participación de comerciantes individuales en el negocio de Oriente.[7]

La compañía inglesa, nacida en 1600 con la idea de limitarse a comerciar, pasó momentos muy difíciles durante los años de la guerra civil en Inglaterra, y tuvo, además, que competir con una nueva Compañía de las Indias creada en 1639 con la idea de comerciar en lugares distintos a los que frecuentaba la primera. En junio de 1698, la Cámara de los Comunes la refundó y generó, con ello, unas expectativas de ganancias que explican la rapidez con la que se cubrieron sus demandas de recursos. La nueva concesión legitimaba su ambición de establecer sitios fortificados en la India, al mismo tiempo que se implicaba en la política interior británica, proporcionando recursos al Estado en forma de aranceles y créditos, mientras este último, por su parte, tenía que encargarse a la larga de proteger la navegación británica contra los holandeses, tal y como se planteaba en las *Navigation Acts* y en la *Cruisers and Convoys Act* de 1708, con una marina estatal destinada a la salvaguarda de las naves comerciales para llevar a cabo el ideal propuesto por Bolingbroke en 1738, en *The Idea of a Patriot King*, de «flotas que cubren los océanos llevando a casa riquezas a cambio de la industria o enviando asistencia o terror al extranjero».

Para evitar los elevados gastos militares que asumían los holandeses en Oriente, los ingleses extendieron sus viajes comerciales a Persia, Siam y China, renunciaron inicialmente a las especias y decidieron asentarse en territorios de la India, pactando con el imperio mogol o enfrentándose a las autoridades locales en un escenario en el que el enemigo a batir eran habitualmente los franceses.[8]

Una guerra para repartirse el mundo

Lo que denominamos Guerra de los Siete Años (1756-1763), que Churchill calificó de primera guerra mundial, y que causó alrededor de un millón de muertos en sus diversos escenarios —lo que la convierte en la guerra más sangrienta conocida hasta entonces en Europa— fue en realidad un conjunto de conflictos que afectaron a la propia Europa, América, África occidental, la India y las islas Filipinas. En el Viejo Continente se enfrentaron dos bandos, uno compuesto por Gran Bretaña, Prusia, Portugal y algunos pequeños estados alemanes contra otro, formado por Francia, Austria, Rusia, España y Suecia. El conflicto, que se había iniciado en América, en una disputa entre colonos franceses y británicos, adquirió una dimensión internacional en Europa con la lucha por la posesión de Silesia entre Prusia y Austria, que comportó un enfrentamiento entre Gran Bretaña, aliada de Prusia, y Francia, aliada de Austria y Rusia, hasta que esta última cambió finalmente de bando.* Prusia salió victoriosa y dejó establecida la «pentarquía» de grandes potencias que dominarían la historia de Europa hasta la Guerra Mundial de 1914-1918: Francia, Gran Bretaña, Austria, Prusia y Rusia.

* Además de un conflicto menor entre Suecia, apoyada por Francia, y Prusia a causa de Pomerania, que terminó en tablas.

El mayor impacto de la guerra, desde el punto de vista que aquí nos interesa, fue el que se produjo en los escenarios coloniales, donde Gran Bretaña consiguió grandes beneficios sobre Francia y éxitos espectaculares contra España, como la ocupación de La Habana. En Norteamérica el resultado más destacable fue la pérdida, por parte de los franceses, de sus territorios en Canadá. En el África occidental la contienda tuvo como protagonistas a los británicos y a los franceses, en disputa por los dos puertos de Senegal, Saint-Louis y Gorée, que, además de servir de punto de embarque para el tráfico de esclavos, facilitaban el acceso a la goma arábiga producida en el interior, un producto muy buscado por su utilidad en la industria textil.

El escenario más trascendental desde el punto de vista de la expansión colonial fue posiblemente el de la India. Allí los franceses y los ingleses no buscaban ganancias territoriales, sino que se limitaban a mantener «factorías» cercanas a la costa y bien defendidas, a la vez que trataban de asegurarse privilegios para el comercio, una actividad en la que la compañía inglesa era muy superior a la francesa por el volumen de tráfico y por unos costes de transporte más bajos. Ambas compañías mantenían relaciones de paz o de conflicto en función de lo que ocurría en sus respectivas metrópolis —aunque a veces podían pasar meses antes de que se enterasen de si había guerra o paz entre ellas—, y solían actuar aliándose con los poderes locales. Franceses y británicos rivalizaban en la zona del sudeste, donde estos últimos establecieron las ciudades de Bombay, Madrás y Calcuta, y más al norte en Bengala, donde la EIC supo sacar tajada de su producción textil que en aquellos momentos era más demandada en Europa que las especias.

Hacia 1750, los artesanos de Bengala producían tejidos de calidad superior a precios con los que los europeos no podían competir, puesto que las «indianas» llegaron a venderse en Europa por menos de la mitad del precio de las telas de producción local. Los agentes de la Compañía de las Indias Orientales británica empezaron organizando y controlando la producción local a la vez que la necesidad de defenderse de los ataques de los franceses y de sus aliados locales les obligaba a fortificar sus asentamientos y a organizar un ejército que llegó a contar con unos dos mil europeos y otros tantos nativos (cipayos). Después de fracasos como la pérdida de Calcuta en 1756 a manos de Siraj-ud Daula, nabab o gobernador de Bengala, aliado de los franceses, Robert Clive los derrotó finalmente en la batalla de Plassey (1757), en una operación combinada con una intriga para derrocar al nabab, que a la postre fue asesinado.

En 1765, el emperador mogol Sah Alam II concedió a la compañía el *diwan* de Bengala, Bihar y Orissa, que incluía el derecho a cobrar impuestos a cambio de un tributo anual. A partir de este momento, la compañía pudo pagar, con los impuestos de los nativos, un ejército cada vez más grande y poderoso, que no solo consolidó su dominio sobre Bengala, sino que contribuyó en la empresa global que acabó asegurando la expulsión de los franceses y la conquista de la India. Esta hazaña fue llevada a cabo por el ejército de la compañía, que a principios del siglo XIX contaba con 260.000 hombres, una cifra que el de Gran Bretaña no alcanzaría hasta las guerras napoleónicas (en 1793 tenía tan solo 38.945 efectivos).

El gobierno británico fue controlando gradualmente la compañía, pero no se hizo cargo de su dominio territorial en la India hasta después de la revuelta de los cipayos en 1857.* Las consecuencias para los tejedores de Bengala, obligados a proporcionar tejidos a precios cada vez más bajos, y cuya entrada en el mercado británico se veía obstaculizada por un arancel del 78 % de su valor, fueron desastrosas, hasta el punto de arruinar una actividad que acabaría realizándose en Inglaterra. El resultado de esta política y de la corrupción de los dirigentes de la compañía fueron diez millones de muertos por hambruna en Bengala en la década de 1770, al inicio de una época de desastres en todos los territorios indios controlados por la compañía: «Los huesos de los tejedores de algodón blanquean las llanuras de la India», diría un gobernador general.

A pesar de que los conocimientos y la habilidad de los artesanos indios no eran inferiores a las de los europeos, la compañía no les encargaba trabajos industriales, con el fin de evitar que progresasen, sino que pedía a Gran Bretaña los productos que necesitaba, sobre todo armas de fuego, que consumía en abundancia. La consecuencia final de

* El peso político de la Compañía era considerable; en 1767, Horace Walpole sostenía que un tercio de los miembros de la Cámara de los Comunes estaban implicados en sus negocios.

estas pugnas, a la par militares y comerciales, fue el retroceso no solo de la Compañía francesa, sino también de la VOC holandesa, que inició su decadencia hasta culminar en 1783, cuando los holandeses accedieron a que la EIC comerciase en los territorios que dominaban, renunciando al monopolio de las especias.[9]

Los mayores beneficios que obtuvo Gran Bretaña no fueron tanto los territorios conquistados como la confirmación de su superioridad naval. Como rezaba aquella especie de himno imperial llamado *Rule Britannia*, su misión era «gobernar las olas», y eso fue lo que le proporcionó una ventaja decisiva en la expansión colonial y en el crecimiento económico. Sin embargo, la Compañía, convertida en un poder político en la India y denunciada en Gran Bretaña por sus abusos y por la corrupción de sus funcionarios, comenzaba sus horas bajas. Los tejidos procedentes de la India perdían interés a medida que la revolución industrial los producía a buen precio en la propia Gran Bretaña. De resultas, la Compañía orientó sus actividades hacia China y el comercio del té y en 1813 perdía su monopolio sobre la India.

La hora de los comerciantes

El momento del gran crecimiento del comercio internacional inició su andadura al mismo tiempo que se producía el retroceso de las compañías oficiales, a la vez que se ampliaba el escenario a la zona del Caribe y de América del Norte. Los protagonistas serían, a partir de aquel momento, los comerciantes individuales. No obstante, no hay que caer en la trampa de considerar esta actividad como una suma ordenada de viajes. El mundo del comercio naval en el siglo XVIII estaba poblado no solo por comerciantes, sino también por piratas, contrabandistas y, como bien dice Marcus Rediker, por delincuentes «de todas las naciones».[10] Añadiendo otras evidencias de resistencias al capitalismo, Rediker y Linebaugh expusieron una nueva visión global, alejada del gran canon marxista y del modelo de la lucha de clases, que les llevó a sostener que entre 1600 y 1835 hubo una solidaridad revolucionaria en torno al Atlántico entre marineros, esclavos y campesinos. El libro recibió elogios de historiadores progresistas como Howard Zinn y feroces condenas políticas por parte de otros, como David Brian

Davis, que lo condenaba como fruto del peor marxismo, cuando el libro tenía menos que ver con el *Manifiesto comunista* que con el «arriba parias de la tierra» de *La Internacional*.[11]

Retomemos de nuevo la evolución del comercio internacional para subrayar que las líneas de los intercambios de Europa con el resto del mundo se modificaron a mediados del siglo XVIII. Las importaciones de Oriente disminuyeron (tan solo se mantuvieron las de tejidos y las del té) para ceder el primer puesto a otros productos procedentes de América, como el azúcar y el café.

El café proviene de una planta de origen africano, posiblemente de Etiopía, pero la costumbre de tostar el grano para hacer una infusión parece originaria de Arabia: la ciudad de Moka, en Yemen, fue uno de los primeros grandes mercados de este producto. Era fácil cultivarlo en un clima tropical, de modo que se extendió por el mundo en el siglo XVII y llegó a América en el XVIII, donde se aclimató rápidamente en el Caribe y en América del Norte. Después pasó a Brasil, que aún hoy es el primer productor mundial. Su consumo se difundió hasta Inglaterra a partir de la segunda mitad del siglo XVII, servido al público en establecimientos especializados que se convirtieron en puntos de debate político e intelectual (Newton los frecuentaba), en locales de juego y en centros de negocios donde se compraban acciones, se obtenían créditos o se contrataban seguros (Lloyds, que se convertiría en la mayor empresa de seguros marítimos del mundo, nació en un café).

El caso del té es muy distinto. Solamente se producía en China, y los chinos fueron capaces de evitar que se sacasen del país las plantas. Los occidentales no consiguieron cultivarlo en otros territorios hasta comienzos del siglo XIX y tardaron medio siglo en poder competir comercialmente con el té chino, obligados mientras tanto a obtenerlo de China para satisfacer la creciente demanda. El té llegó a Europa a mediados del siglo XVII como una bebida refinada y de lujo, pero se difundió rápidamente en el XVIII. Durante doscientos años, el comercio con China se había limitado sobre todo a la porcelana, sin embargo, a mediados de siglo, debido en parte a la competencia de este producto fabricado en Europa, dicha demanda descendió y el tráfico se dedicó de lleno a la seda y al té. Cuando los chinos liberalizaron las exportaciones con la intención de recibir más plata de los europeos, los ingleses y los holandeses compitieron entre sí y fueron a comprarlo a Guangzhou (Cantón), desde donde partían de regreso con un 70 u 80 % de té, que era la mercancía que realmente les interesaba.[12]

El té y el café se tomaban edulcorados con azúcar, de manera que el aumento de su consumo en Europa creó una considerable demanda de azúcar, artículo que podía producirse provechosamente en las islas del Caribe y en buena parte de América, en grandes plantaciones explotadas con mano de obra esclava, hecho que explica que el aumento de su producción coincida con el auge de la exportación de esclavos africanos por el Atlántico. Las colonias antillanas de Francia, Inglaterra y Holanda pasaron de producir 30.000 toneladas de azúcar en 1680, a 140.000 en 1750.

En torno a 1750, el valor de las importaciones coloniales de Holanda y de Gran Bretaña se repartía por igual entre Asia y América, con el azúcar como gran protagonista (representaba por sí solo un 25 % del valor del tráfico global), seguido en importancia por los tejidos orientales, el café y el tabaco, artículos a los que pronto se sumaría el algodón. Este estímulo fue lo que propició que el mundo tropical, y especialmente el Caribe, se convirtiese en una inmensa plantación que permitía obtener a bajo precio, con el trabajo forzado de los esclavos, los productos «coloniales» o «ultramarinos» que sirvieron de fundamento a la ampliación del mercado mundial. El coste del trabajo era la base de este fenómeno. Un ilustrado como Montesquieu, que había escrito que «la esclavitud va contra el derecho natural por el cual todos los hombres nacen libres e independientes», sostenía en cambio que «el azúcar sería demasiado caro si la planta que lo produce no la trabajasen esclavos».[13]

La caña de azúcar, al parecer originaria de Nueva Guinea, que se había extendido desde la Antigüedad por la India y los países árabes, llegó al Mediterráneo y adquirió especial importancia en la Valencia del siglo XV. El paso a las islas de Madeira y las Canarias fue la última etapa antes de dar el salto al otro lado del Atlántico. En torno a 1500, el consumo de azúcar era muy escaso en Europa, donde se utilizaba como medicina. Sin embargo, a lo largo del siglo XVIII se había convertido ya en la mercancía más importante del comercio internacional. En 1800 era un elemento esencial del consumo de las clases medias europeas a la vez que se convertía, gracias a su uso asociado al café y al té, en una importante fuente de calorías para los trabajadores.

Francia tenía, en su posesión de Saint-Domingue, en el Caribe, la principal productora de azúcar del mundo. Esta mitad de una isla constituía la tercera parte del comercio exterior francés. Una flota de 750 grandes embarcaciones con 80.000 marineros aseguraba el tráfico entre los puertos de Saint-Domingue y los de Francia. En 1789, en aquel territorio colonial había 40.000 caballos, 50.000 mulas, 250.000 bueyes y 500.000 esclavos para una población libre de 30.000 colonos. La revuelta de los esclavos de Saint-Domingue en 1791 acabó con el exterminio de los colonos franceses y la fundación de Haití, la segunda nación libre de América. Consciente de la importancia que tenía la producción esclavista del Caribe, Napoleón restableció allí la esclavitud abolida por la revolución y en 1802 envió 44.000 soldados a Haití en un fracasado intento de reconquista.[14]

La importancia de esta gran expansión del comercio mundial que se produjo desde mediados del siglo XVIII solo se puede entender si consideramos las interacciones entre sus actividades y la economía de las metrópolis, que a la postre condujeron a unas transformaciones globales. Un estudio sobre la factoría británica en el África occidental nos permite observar microscópicamente cómo se configura en un inicio este conjunto de relaciones. A mediados del siglo XVIII seis comerciantes de Londres compraron la isla de Bunce (o Bance), cerca de la desembocadura del río de Sierra Leona, y montaron allí una factoría con un recinto amurallado, árboles que proporcionaban madera para la reparación de embarcaciones y cultivos de verduras y frutas para alimentar a los residentes. Era un lugar ideal para custodiar a los esclavos que compraban a los reyezuelos de territorios cercanos y que vendían principalmente a plantadores de América del Norte, habitualmente a crédito, mientras se reservaban algunas de las mejores «piezas» para sus propias plantaciones. A la isla llegaban también los productos que intercambiaban por esclavos a bordo de embarcaciones de la propia compañía: tejidos de la India, armas y objetos metálicos (productos suecos o de la industria británica), bebidas alcohólicas, azúcar y tabaco de América.

En la factoría llegó a haber permanentemente hasta 35 blancos y 142 esclavos que no eran para vender sino que trabajaban fijos desempeñando tareas de carpintería, herrería o albañilería. Un botánico que pasó por allí en 1773 quedó admirado al ver a aquellos europeos vestidos con ropas blancas de algodón importadas de la India, que jugaban a golf, asistidos por *caddies* negros que llevaban ropas de lana producidas cerca de Glasgow, en la fábrica de uno de los asociados. Después de la partida fueron todos juntos a cenar y, al terminar, bebieron vino de Madeira y fumaron tabaco de Virginia.

Desde 1748 a 1784 se desarrolló en torno a la isla un complejo de negocios que incluía una flota que comerciaba con la India, con el oeste de África y con el Caribe, plantaciones en América, tráfico de esclavos y actividades financieras, ya fuera mediante crédito a los plantadores americanos que les compraban esclavos o mediante contratos de suministros militares para el gobierno inglés en su participación en la Guerra de los Siete Años junto a Prusia. No menciono este caso porque sea importante cuantitativamente —esta factoría exportó unos 13.000 esclavos, mientras que los que salieron del África atlántica durante la segunda mitad del siglo XVIII fueron más de tres millones— sino por lo que nos muestra respecto a la naturaleza de las transformaciones que se produjeron en aquellos años.

En un principio, el negocio de aquellos hombres era esencialmente comercial, pero su capacidad de adaptarse a una demanda en rápida transformación los llevó a diversificar sus actividades. En primer lugar fue la creciente petición de café y azúcar por parte de los europeos lo que hizo que se implicasen en las plantaciones americanas. Después descubrieron que los tejidos de algodón estampado no solo tenían demanda en Europa, sino que eran ideales para vender en la mayoría de los mercados de la zona tropical del mundo, especialmente en los de África, donde se podían utilizar para pagar las compras de productos locales y sobre todo las de esclavos, que aumentaban al mismo ritmo que aumentaba la demanda de las plantaciones americanas.*

* Estos hombres complementaron su enriquecimiento con influencia política. Tenían acciones de la Compañía de las Indias en cantidad suficiente como para votar

E. P. Thompson describe con elocuencia cómo se relacionan estos elementos entre sí y con las demás manifestaciones internas del desarrollo capitalista: «La expansión comercial, el proceso de cerramiento de los campos, los primeros años de la revolución industrial: todo se produjo a la sombra de la horca».[15] Lo que habían iniciado el café y el azúcar lo completó el algodón. La expansión del comercio internacional tuvo un papel decisivo en el progreso industrial europeo. La industria textil algodonera británica no habría prosperado como lo hizo si hubiera tenido que depender de su mercado interior. Fue precisamente la exportación la que hizo posible un enorme crecimiento que, entre 1780 y 1800, multiplicó por más de dieciséis el valor de las ventas de tejidos de algodón al exterior. Los ingresos proporcionados al Estado por esta actividad industrial y exportadora fueron en gran medida los que permitieron a Gran Bretaña financiar las guerras de finales del siglo XVIII y principios del XIX, en las que ratificó su dominio del mar.[16]

Un crecimiento interno generado desde abajo

En aquellos tiempos se inició también, en momentos y de maneras distintas según los lugares, una etapa de progreso y crecimiento interior nacida desde abajo, del esfuerzo de los campesinos y los artesanos. La primera revolución agrícola de la modernidad tuvo como base la supresión del barbecho, de la tierra que se dejaba «en reposo» sin cultivar, mediante la introducción de rotaciones a las que un año de cultivo de cereales le seguía otro dedicado al guisante o a la judía, mientras se introducían el trébol y el pipirigallo en las zonas de pasto. El objetivo fundamental de estos cambios era aumentar las cabezas de rebaño que

---

en el consejo, ocupar cargos directivos y colocar a familiares como funcionarios. Y, naturalmente, compraban tierras. Después de la Guerra de los Siete Años empezaron a ennoblecerse: tenían fincas señoriales con palacios donde abundaban obras de los grandes maestros de la pintura. No se trataba de una afición por el arte, sino de un signo de distinción social. Cuando Robert Clive regresó de Bengala tras amasar una enorme fortuna conseguida mediante violencia y corrupción, se construyó sin demora una mansión digna de sus ambiciones y gastó miles de libras en adornarla con obras de grandes maestros pintores.

podían mantenerse, cosa que permitía disponer de una mayor cantidad de abono orgánico para mejorar el rendimiento de los cereales y al mismo tiempo disponer de más fuerza de trabajo. El sistema se podía organizar perfectamente en zonas de campos abiertos cuyo funcionamiento era asumido por la comunidad.

En el caso de Inglaterra, que es el que mejor se conoce, sabemos que este progreso permitió que a mediados del siglo XVIII hubiera un buen número de campesinos autónomos con la subsistencia garantizada, gracias a las ventajas que les proporcionaban las tierras y los derechos comunes, que iban desde el derecho a cosechar hasta el uso de bosques y pastos. Este último era el más importante de todos porque les permitía mantener a una vaca. Este era el mundo que evocaba en sus versos John Clare, nacido en 1793 en Helpstone, hijo de un obrero agrícola, que trabajó de mozo para los propietarios locales.* Clare explicaba que «hubo un tiempo en que mi pedazo de tierra me hacía un hombre libre [...] hasta que llegaron los viles *enclosures* e hicieron de mí un esclavo de la parroquia». Rememoraba también el cambio en las costumbres de la vieja sociedad igualitaria en la que patronos y trabajadores comían juntos, «con los pobres como iguales, no como esclavos».[17]

Una imagen parecida de progreso, aunque en un contexto diferente, es la que nos ofrece la agricultura francesa, que había logrado considerables mejoras desde el siglo XV hasta los años anteriores a la revolución de 1789. Un análisis harto revelador nos lo brinda Pierre de Saint Jacob con su estudio sobre los campesinos del norte Borgoña durante el siglo anterior a la revolución, en el que nos muestra que la mayor amenaza sufrida no fue la de los vestigios del feudalismo, sino la del progreso de las nuevas formas del capitalismo agrario impulsado tanto por la aristocracia como por la burguesía en su esfuerzo por reemplazar la estabilidad que ofrecía el sistema tradicional de contratos de aparcería

* Clare publicó su primer libro de versos en 1820. Sus vecinos no le perdonaron que quisiese destacar y lo acusaron de ser amigo de los gitanos y de los cazadores furtivos. Los últimos treinta años de su vida los pasó encerrado en manicomios sin que se publicase su gran poema, *The Parish*, escrito en 1823.

de larga duración. Mediante la sustitución de dichos contratos por otros de corta duración y fijados en dinero, los campesinos se exponían a perder la tierra y a convertirse en jornaleros. Durante los seis años anteriores a la revolución, las enfermedades del ganado y la crisis económica acabaron de hundirlos y contribuyeron a su movilización.[18]

Estos progresos en el sector agrario vinieron acompañados en el sector de la producción por otros que no podemos comprender en todo su alcance a menos que nos desembaracemos de tópicos que desprecian los avances de la tecnología previos a la revolución industrial e ignoran adelantos muy anteriores como el de la difusión del molino de agua, la aplicación de la rueda hidráulica a los batanes o molinos traperos, el telar horizontal, la rueca, la fragua catalana o el complejo de cambios técnicos de las denominadas *new draperies*.[19] Existía también el tópico que sostenía que las reglas de los gremios implicaban la inmovilidad de las formas de trabajo, cuando en realidad lo que se fomentaba era la excelencia del producto. El gremio nunca fue un obstáculo para la industrialización, como a menudo se esgrime, puesto que servía para representar socialmente los intereses de los productores, y acabó propiciando el origen de las agrupaciones profesionales y patronales.

En el germen de lo que denominamos *protoindustrialización* se encuentra la integración del trabajo disperso de los campesinos y de los progresos tecnológicos de los promotores urbanos. En muchas zonas europeas, sobre todo en las más pobres, los agricultores realizaban labores industriales por cuenta ajena en su tiempo libre. En época de lluvias o en invierno, cuando no se podía trabajar en el campo, no había hogar labriego en el que esposa e hija no hilasen, ayudadas por el marido o por los hijos, que les preparaban las fibras. Producían más hilado del que necesitaban para la ropa de consumo personal y lo vendían a los «laneros» («preparadores» que en algunos casos reciben el nombre de «señores de los trapos» o «fabricantes de trapos») o a los comerciantes que iban de casa en casa a recogerlo.*

* Según Jan De Vries, en la Europa de los siglos XVI al XVIII hubo una «revolución industriosa» que se manifestó a través de una intensificación del trabajo destinado al mercado, que solía incluir a la totalidad de la familia, con el aumento de la participación de las mujeres y los niños.

En un principio, el hilado era una operación doméstica que llevaban a cabo las mujeres y las hijas, que tenían los dedos más ágiles que los hombres. No obstante, no tardó en añadirse la tarea del tejido, elaborado en pequeños telares manuales caseros. Con las fibras caras, como la lana, que a menudo se había de comprar muy lejos y que, antes de hilar, necesitaba una preparación (lavado, peinado, etc.), los hiladores dependían de sus proveedores, ya que difícilmente habrían podido adquirir la materia prima. Era lógico que en la promoción de esta actividad destacasen, además de los comerciantes, los laneros o «preparadores» de la lana. La parte de la producción que les correspondía, y en especial las operaciones finales de teñir y de acabar las telas, era la única que requería unas instalaciones y un utillaje costoso, como los molinos traperos. Estos eran también los que finalmente tenían en sus manos el producto acabado para venderlo al público (los hiladores y tejedores operaban normalmente con un producto intermedio, semielaborado). Estos laneros no tardaron en convertirse en una especie de promotores que compraban la lana, la daban a hilar a unos, a tejer a otros, la acababan en sus instalaciones y la vendían.

Jaume Torras ha estudiado el caso de una familia de «fabricantes sin fábrica» de Igualada: hacían las operaciones previas en su «taller», daban la fibra a las hiladoras, que trabajaban en casa a destajo (a tanto la pieza) y la devolvían ya hilada. Los «fabricantes» entregaban el hilo a los tejedores que también trabajaban a destajo. Las operaciones de teñido y de acabado las realizaban en instalaciones propias: un tinte y un molino trapero. La parte final, y fundamental, era la de distribuir el tejido a las tiendas (tenían participación en comercios de distintos lugares de la Península) para su venta.

De este modo se ha pasado del *putting out* o producción dispersa a formas de industrialización que marcaban el camino hacia la revolución industrial.[20]

La primera revolución industrial

En este contexto precisamente hay que entender la formación de un mercado interior, no solo para la ropa, sino también para ramas de la industria de las que se habla poco o nada, productoras de elementos de consumo doméstico en masa, modestos y muy diversos, que entraron en los hogares populares: llaves, botones, cuchillos, ropa, candelabros, cerámica, muebles, vajillas, navajas de afeitar, etc. Objetos que, sin embargo, podían ser tecnológicamente tan complejos como la aguja de coser, y que demuestran el potencial transformador de esta primera revolución industrial nacida desde abajo.[21] Efectivamente, el progreso tecnológico industrial no nació en las sociedades de sabios aparecidas con la revolución científica del siglo XVII, ni en las universidades, sino que fue obra de los «artistas», de los menestrales y artesanos que innovaron a partir de la práctica cotidiana de sus oficios.

Esto se pone de manifiesto en el caso de Gran Bretaña, donde los inventos que transformaron inicialmente la producción eran artefactos sencillos, ideados para favorecer la producción doméstica, como la lanzadera, concebida en 1733 por John Kay, o la *spinning Jenny* de Hargreaves, en 1764, que lleva el nombre de la esposa del inventor, a quien iba destinada. Uno de los elementos definitorios de esta etapa sería precisamente el de sacar pleno rendimiento del trabajo familiar.

Esta situación es quizás más visible todavía en el caso de Francia, donde se puede hablar de «la ilustración de los artesanos». Una Francia que a comienzos del siglo XVIII surgía arruinada de las guerras europeas, que culminaron con la de Sucesión Española, depositó sus esperanzas de progreso en la aportación que podían hacer los «artistas», los hombres de oficio. Esto inspiró el proyecto de llevar a cabo una compilación de los adelantos de las artes, vinculada a la fundación de la Société des Arts, que estaba dedicada a «preservar y mejorar el conocimiento operativo, las artes mecánicas y las manufacturas». La Société, contrapuesta en cierto modo a la Académie des Sciences, estaba integrada en 1728 por veinte miembros, entre los cuales figuraban cirujanos (como François Quesnay), geómetras, ingenieros, constructores de relojes, mecánicos y funcionarios.

No obstante, el proyecto de los artistas tenía un trasfondo político, puesto que implicaba la exigencia de que fuesen los artistas, y no los *savants*, quienes decidiesen, a partir del conocimiento que les proporcionaba la práctica, el papel social de las artes. D'Alembert, que era miembro de la Académie des Sciences, y Denis Diderot reaccionaron contra este proyecto en la *Encyclopédie ou Dictionnaire raisonné des* *sciences, des arts et des métiers*,* una obra que se nutre en gran medida de textos y grabados de las obras anteriores sobre las artes.[22]

Los avances conseguidos con esta revolución de los menestrales iban mucho más allá de la invención de las máquinas destinadas al trabajo familiar, como bien demuestra su capacidad de producir un objeto tan complejo como la aguja de coser, que, como indicaba la *Encyclopédie*, tuvo que pasar por «dieciocho operaciones diferentes antes de entrar en el comercio». De la *Encyclopédie* el tema de la aguja pasaría a Adam Smith, que lo argumenta en el primer capítulo de *The Wealth of Nations* para destacar el aumento de la productividad que surge de la división del trabajo y de la especialización de todos aquellos que participan en la producción.

Los adelantos conseguidos de este modo son evidentes en caso de la fabricación de armas de fuego en Gran Bretaña, donde la ciudad de Birmingham se convirtió en una especie de fábrica descentralizada. En la confección de armas de fuego había por lo menos treinta procesos manuales diferentes realizados por distintos artesanos individuales. Cada fusil pasaba por infinidad de manos altamente especializadas antes de quedar terminado, tal y como se hacía con muchos otros objetos, ya que dichos artesanos no se dedicaban solamente a las armas, sino que cuando disminuía la demanda de las mismas realizaban otros trabajos relacionados con el metal, desde la producción de juguetes a la de herramientas de afilar. Por esta razón, es difícil decir quién hacía las armas, quién era fabricante de armas.

Las peticiones de la oficina gubernamental de Ordnance, ubicada en la Torre de Londres, las recogían los *contractors*, hombres de negocios que se encargaban de distribuir el trabajo a los artesanos. En aquella época, las calles de Birmingham estaban repletas de muchachos que llevaban cestos con piezas de armas de un especialista a otro. Así fue cómo durante las guerras napoleónicas esta ciudad se convirtió en una fábrica virtual que funcionaba como un sistema eficaz de producción en masa.[23] Esta forma de trabajar no solo exigía el compromiso de cada participante en la calidad de la labor realizada, sino que respetaba

* Una espléndida denuncia de la hipocresía de la Ilustración la ofrece Gonzalo Pontón, *La lucha por la desigualdad: una historia del mundo occidental en el siglo XVIII*, Barcelona, Pasado & Presente, 2016.

las tradiciones de un «precio equitativo» y un «salario justo», que posteriormente se integraron en la filosofía de los sindicatos, que nacieron como *trade unions*, es decir, «uniones de oficio», no solo en Gran Bretaña sino en toda Europa. Esta coordinación no solamente se llevaba a cabo a escala del obrador, sino a la de la tienda, donde, aparte de las regulaciones gremiales, había un sistema de relaciones «de una enorme complejidad y de una sorprendente flexibilidad, dinamismo e innovación».[24]

Gillian Cookson ha estudiado el complejo desarrollo de las máquinas en la industria textil británica, la primera que se mecanizó, y nos muestra cómo surgieron del oficio las mejoras, que sin duda debieron de pasar por una larga experiencia de probaturas, perfeccionamiento y adaptaciones antes de consolidarse, siguiendo un proceso que avanzó sobre todo en algunas operaciones —el hilado antes que el tejido, por ejemplo— y que presentaba diferencias según las fibras.[25]

Este escenario se producía en un mundo en el que dichos inicios de crecimiento, pese a mostrar el camino, no bastaban aún para asegurar la prosperidad general. Las observaciones de la historia antropométrica, que nos permiten establecer relaciones entre la estatura y el nivel de vida, muestran evoluciones negativas entre 1500 y 1800, tanto para Inglaterra como para Holanda y Estados Unidos; una evidencia que coincide con las estimaciones igualmente negativas que se hacen en la actualidad en cuanto a la evolución de los salarios reales. Frente a ello, Van Zanden concluye que desde principios del siglo XVI hasta finales del XVIII hubo «una relación inversa entre desarrollo y nivel de vida», hecho que hace pensar que «amplios sectores de la población de Europa no se beneficiaron del progreso económico» que se estaba produciendo.[26]

Hay que señalar que todo esto sucedía en unos momentos en que se iniciaba en Inglaterra, y después se extendería lentamente al resto de Europa, un crecimiento de la población basado en la reducción de la mortalidad infantil y la prolongación de la vida. Un crecimiento que al principio favorecería sobre todo a las clases acomodadas —no a los campesinos irlandeses ni a los tejedores manuales de Inglaterra— pero que acabaría transformando la sociedad. Era evidente que la combinación del suministro de calorías a través del comercio internacional y los frutos del crecimiento interior representaban el camino hacia una etapa de progreso que, en lo relativo al desarrollo interno, parecía apuntar a una sociedad basada en la hegemonía de los consejos campesinos y de las sociedades de oficios: una sociedad con un proyecto colectivo igualitario. Pero el capitalismo, ayudado por el Estado, se apropió rápidamente de estos progresos, a la par que falseaba la historia de lo que había ocurrido, inventando el mito de una revolución industrial que habría surgido del impulso combinado de la máquina y del emprendedor.

Capítulo 2

LA RESTAURACIÓN

Este panorama de crecimiento económico y transformación social que estaba sufriendo, como veremos más adelante, la acción del capitalismo, se vio trastocado repentinamente por la revolución iniciada en Francia en 1789, que extendió la alarma por las sociedades europeas y el temor de que la expansión de este movimiento pudiera convertirse en un conflicto permanente en el que «los ricos y los influyentes tendrían que refugiarse en sus ciudadelas, asediados por una masa violenta y anárquica de pobres y necesitados, dirigidos por terroristas rabiosos, que pretendían asaltar las ciudadelas y derrocar el orden social».[1]

El nuevo estado revolucionario francés reforzó estos temores con sus victorias militares sobre Austria, Prusia y España, en una serie de acciones afortunadas, culminadas por Napoleón Bonaparte, un joven general corso que se proclamó «emperador de los franceses» en 1804 y emprendió una campaña por el dominio del mundo, en la que consiguió imponerse inicialmente a todos sus contrincantes, excepto a Gran Bretaña, que, reforzada por la destrucción de las flotas francesa y española en Trafalgar en 1805, se había asegurado el dominio del mar. Entonces, Napoleón optó, con el decreto de Berlín del 21 de noviembre de 1806, por poner en marcha un «bloqueo continental» con la pretensión de arruinar a los británicos cortándoles el acceso a los puertos del continente europeo, un propósito que requería imponerse, bien mediante la conquista o mediante pactos, a los países europeos que tenían que colaborar en el bloqueo. En 1812, la Francia imperial se extendía a lo largo de unos 750.000 km^2 hasta alcanzar las costas del Báltico, por un lado, y hasta España y el centro de Italia, por el otro.[2]

Su anhelo de seguir creciendo fue precisamente lo que condujo a Napoleón al declive, provocado por la campaña de Rusia, un desastre en el que los franceses perdieron, entre muertos, presos y desertores, a 380.000 de sus mejores soldados.[3] A su regreso de Rusia, Napoleón siguió combatiendo, pero sus ejércitos eran cada vez más débiles,[4] mientras que los de sus enemigos eran cada vez más fuertes. En enero de 1814 prusianos, austríacos y rusos empezaron a invadir Francia por el este y por el norte, mientras que los ingleses, que bajo el mando de Wellington habían expulsado de España a los franceses, avanzaban desde el sur.

Las dudas de los aliados sobre si habían de seguir la guerra hasta la derrota total de Napoleón las resolvió el ministro de Exteriores británico, Robert Stewart, lord Castlereagh, que, por un lado, era quien tenía las ideas más claras y, por el otro, quien disponía de la clave de la continuidad de la guerra: los subsidios económicos que proporcionaban los ingleses. A principios de marzo de 1814 se firmó en Chaumont el acuerdo de las cuatro potencias, que se comprometían a continuar luchando hasta acabar con el poder de Napoleón, con la garantía de que los ingleses les proporcionaran subsidios durante un año más si era preciso. El que Castlereagh denominaba «mi tratado» creó la base que hizo posible una política europea común, no solo hasta acabar la guerra, sino también posteriormente, durante la llamada «época de los congresos».[5]

El 31 de marzo de 1814, el zar de Rusia, Alejandro I,* entraba en París al frente de las tropas aliadas. Le acompañaba el rey de Prusia, Federico Guillermo III, mientras que el emperador de Austria, su canciller, Klemens von Metternich,** y lord Castlereagh se encontraban

* George Lefebvre describe a Alejandro como «nieto de una mujer depravada, hijo de un loco, llevaba los gérmenes de una inestabilidad mórbida que las circunstancias de su juventud y de un matrimonio prematuro habían acentuado [...]. Alejandro se había convertido en un dechado de contradicciones: simple y refinado, tímido y testarudo, agitado e indolente, devoto y disoluto». «Pese a su encanto —dice el historiador ruso Alexis Troubetzkoy— Alejandro era inquieto, inconstante y sobre todo reservado. Nadie comprendía su mente, ni él mismo. A menudo decía una cosa y hacía otra; sostenía puntos de vista contradictorios con la misma convicción.»

** Miembro de una pequeña familia feudal arruinada de Coblenza, Metternich fue nombrado ministro de Asuntos Exteriores de Austria en 1809, cuando había que todavía en Dijon. La entrada de los rusos en la capital se hizo pacíficamente, y el zar aceptó alojarse en casa de Charles-Maurice de Talleyrand,* que en aquellos momentos era el único miembro presente en París del consejo de regencia que había creado Napoleón, que mientras tanto permanecía retirado en Fontainebleau.[6] El zar, a propuesta de Talleyrand, decidió que la mejor solución posible para el futuro de Francia era el retorno de los Borbones que, a pesar de haber sido destronados por la revolución, todavía gozaban de un amplio apoyo en los barrios elegantes de París, en contraposición con la *canaille* de los barrios pobres, claramente bonapartista.

Tras asumir por su cuenta la representación de los aliados, Alejandro proclamó que no se negociaría con Napoleón ni con ningún otro miembro de su familia, garantizó la integridad de Francia en sus fronteras tradicionales y pidió al Senado —es decir, a los *notables* republicanos elegidos por el propio Napoleón y que, muchos de ellos, habían votado años atrás la muerte de Luis XVI— que designase un gobierno provisional y empezase a discutir una nueva constitución, que los vencedores se comprometían a respetar. Dos días más tarde, el 2 de abril, el Senado destronaba a Napoleón y negaba derechos de herencia política a su familia, contrariando así el proyecto del empe-

---

negociar el matrimonio de la archiduquesa María Luisa con Napoleón. Organizador del Congreso de Viena, el montaje de fiestas y banquetes le costó una fortuna que lo dejó endeudado con sus banqueros judíos. Este hombre que dominaba varios idiomas, que trabajaba mucho y escribía incansablemente, no pasaba de ser un conservador inmovilista. En 1819, en una misiva a su amante, la condesa, después princesa, de Lieven, se definía como «un hito puesto en el camino para detener a aquellos que corren enloquecidos», mientras que en su testamento político se presentaba como un luchador al que le hubiera correspondido la tarea de enfrentarse, «solo en el terreno moral y político», a las consecuencias de la Revolución francesa. La correspondencia con Dorothea de Lieven nos permite ahondar en la humanidad de Metternich, afligido en aquellos años por la muerte de su esposa y de sus hijas, y enamorado de Dorothea, con la que solo rompería después de su segundo matrimonio en 1824.

* Su debilidad física, que le hacía cojear, alejó a Talleyrand de la carrera militar y lo orientó hacia la Iglesia, donde llegó a ser obispo de Autun a los treinta y cuatro años. Se sumó a la revolución en sus etapas iniciales, pero se vio obligado a emigrar a los Estados Unidos durante los años del terror, de donde regresó con una gran fortuna. Se casó con Catherine Grand y empezó a trabajar junto a Napoleón como ministro de Asuntos Exteriores.

rador de abdicar a favor de su hijo, el rey de Roma. Alejandro actuaba en todo momento por su cuenta, con el rey de Prusia junto a él, desempeñando un papel secundario. Dos de los principales miembros del séquito del zar, Carlo Andrea Pozzo di Borgo y Karl Nesselrode, colaboraron con los senadores en la redacción de la Constitución, que se promulgó el 7 de abril.[7]

Napoleón, abandonado y traicionado por sus mariscales, acabó firmando el 11 de abril el Tratado de Fontainebleau, que confirmaba su abdicación y le ofrecía la soberanía vitalicia de la isla de Elba, con un subsidio anual de dos millones de francos (a proveer por el nuevo gobierno francés) destinado a la manutención de los soldados que lo acompañasen y a pagar deudas. Su esposa, María Luisa —a quien su padre, el emperador de Austria, le prohibió que se reuniese con Napoleón en Elba— recibiría la soberanía de los territorios italianos de Parma, Piacenza y Guastalla.

A su llegada a París, Castlereagh y Metternich criticaron la elección de la isla de Elba, demasiado cercana a la costa francesa, pero el zar insistió en que había que respetar la palabra dada. El 20 de abril, Napoleón se despedía de sus soldados y se marchaba al exilio.[8] El Senado, inspirado por Talleyrand, llamó a Luis XVIII, hermano del guillotinado Luis XVI, y le propuso que reinase con la Constitución moderada que habían elaborado. Hubo que negociar largo y tendido porque Luis no aceptaba someterse a ninguna constitución, de modo que, a su llegada a París el 3 de mayo, creó una comisión que revisó el texto constitucional para convertirlo en una «carta otorgada» que el rey concedía voluntariamente.[9]

El 30 de mayo se firmó el tratado de paz con Francia que se conocería con el nombre de Tratado de París, con unas condiciones harto generosas. No obstante, su alcance real no se puede entender sin tomar en consideración los artículos que hacen referencia a una serie de cuestiones diversas: además de declarar la libre navegación por el Rin, se devolvía Holanda a la dinastía de los Orange, se determinaba que los estados de Alemania serían independientes «y unidos por un vínculo federativo», que Suiza seguiría gobernándose independientemente y que Italia, después de devolver los territorios a Austria, «estará formada por estados independientes». Existía aún un artículo secreto que añadía que Holanda recibiría los territorios de Bélgica que habían pertenecido al Imperio de Austria antes de la revolución, puesto que «la necesidad de un equilibrio justo» europeo exigía que Holanda tuviera las dimensiones necesarias para poder defenderse de Francia por sí misma.

Los «cuatro grandes» firmaron este acuerdo, al que se sumarían también las tres potencias menores (Suecia, Portugal y España). La complejidad de los asuntos planteados en el tratado —había que dejar completamente zanjados los temas de Alemania, y en especial el de Polonia, donde las ambiciones de Alejandro de Rusia amenazaban con complicarlo todo— explica que se dejase constancia de que

> en el transcurso de dos meses todas las potencias implicadas de un bando y otro en esta guerra enviarán plenipotenciarios a Viena con el objetivo de regular en un congreso general los acuerdos que han de completar les disposiciones de este tratado.[10]

El Congreso de Viena

En un principio se suponía que los temas pendientes se resolverían en una breve reunión destinada a confirmar lo que se había acordado el 30 de mayo y a acabar de precisar los detalles. Sin embargo, a la hora de la verdad, las negociaciones, que se celebraban en el palacio imperial de Viena, el Hofburg, resultaron largas y complicadas, y duraron nueve meses.[11]

En aquellos tiempos, Viena era una ciudad con una población de aproximadamente 250.000 habitantes que durante el congreso recibió a 100.000 visitantes, con cinco familias reinantes y 216 familias principescas, que acudían a Viena «como los campesinos a una feria». Asistieron representantes de las cuatro potencias vencedoras (Austria, Gran Bretaña, Rusia y Prusia) y de la derrotada (Francia), pero también las potencias menores o «subaliados» (es la primera vez que se plantea la existencia de potencias de primera y de segunda). Eran, en teoría, los que convocaban y los que habían de negociar. Sin embargo, angustiados por los cambios que les podían afectar, acudieron también una treintena de reyezuelos alemanes, dos delegaciones diferentes de Nápoles (la de Joachim Murat, cuñado de Napoleón, y la de los Borbones), diecinueve delegados suizos (uno por cada cantón, a los que se añadieron tres más), un delegado del papa de Roma (el cardenal Consalvi, que permaneció en Viena pese a la advertencia de Metternich de que allí no se trataban asuntos religiosos, pero que consiguió resultados importantes para la construcción de los estados de la Iglesia), otro del sultán de Turquía, una representación de los judíos de Fráncfort, una de los católicos alemanes (independiente del nuncio), una de editores alemanes (los Cotta), etc.

Se saben muchas cosas de lo que ocurrió durante aquellos meses, porque en Viena había una policía numerosa, con redes de informadores y delatores y con el espionaje como trabajo habitual: se compraban códigos, se abría la correspondencia y se vaciaban las papeleras de las embajadas para enterarse de chismes sin importancia. El estudio de Weil sobre los informes policiales mientras duró el congreso muestra la gran cantidad de noticias que reunía la policía a partir de sus agentes ordinarios, de confidentes y de informadores a sueldo y, también, de la recogida de papeles y de la intercepción, lectura y copia de cartas en el «gabinete negro», donde un especialista había conseguido descifrar los códigos de todas las embajadas.[12]

Nadie sabía cómo tenían que hacerse las cosas: no había precedentes y no tenían ningún plan establecido.* Las conversaciones y las negociaciones previas se fueron alargando. En el mes de octubre, antes de empezar, había el convencimiento de que sería cosa de pocos días y de que los reyes volverían a casa, a más tardar, a mediados de noviembre.[13] Sin embargo, los monarcas permanecieron allí muchos meses, viviendo a costa del emperador (la mesa de palacio costaba 50.000 florines diarios). Se compraron 300 carruajes y había 1.200 caballos a disposición permanente de los invitados.[14] Con tantos reyes, tantos mi-

* Uno de los primeros problemas fue el de decidir en qué idioma se tenían que llevar a cabo las reuniones y redactar los documentos. Los grandes acuerdos del pasado —Westfalia, Nimega, Ryswick— se habían realizado en latín. Posteriormente, el francés se convirtió en la lengua de la diplomacia. Hubo quien propuso que cada uno hablase en su lengua, pero que los documentos se escribiesen en alemán, lengua que «posee riqueza, energía y germanismo suficientes para satisfacer a todo el mundo» (*The Times*, 28 de octubre de 1814). A la postre, las actas se redactaron en francés, pero haciendo constar, en el artículo 120, que el uso de dicha lengua no constituía precedente alguno de cara al futuro.

nistros y tantas señoras —no solo las legítimas, sino también las amantes— y teniendo en cuenta que no querían que los poderes menores interviniesen en los debates, se montó una «comisión de fiestas» para mantenerlos entretenidos.

De ahí precisamente proviene la imagen tradicional del «congreso se divierte», que el humor popular vienés sintetizó con estas palabras: «El emperador de Rusia ama por todos; el rey de Prusia piensa por todos; el rey de Dinamarca habla por todos; el rey de Baviera bebe por todos; el rey de Wurtemberg come por todos; el emperador de Austria paga por todos».[15] Se les entretenía con música: Beethoven dirigió su *Séptima sinfonía* y estrenó *La batalla de Vitoria* y su «Cantata del Congreso» (*Un momento glorioso*), que es posiblemente el primer himno europeo, ante un público de soberanos y dignatarios incapaces de entender su música (un informe policial de noviembre de 1815 aseguraba que hay «una mayoría absoluta de conocedores que se niegan rotundamente a volver a escuchar de ahora en adelante las obras de Beethoven»).[16]

No obstante, se les entretenía sobre todo con bailes, muchos bailes. El 3 de octubre se celebró uno en la sala de equitación para 10.000 personas, donde, además, actuó un «bonito ballet ejecutado por niños» (una compañía infantil de 200 niños y niñas de seis a doce años que entusiasmó al público, pero que tuvo que ser disuelto por los escándalos de «solicitaciones» que se produjeron). Bailaban sobre todo el zar, del que los vieneses decían que tenía «danzamanía», pero también era incansable Castlereagh, aunque sin las intenciones eróticas del monarca ruso.[17] También se celebraban banquetes: el zar ofreció una cena de 700 cubiertos en la sala de equitación de la embajada rusa, iluminada con 6.000 luces; Metternich organizaba «grandes almuerzos diplomáticos» cada semana, pero en ellos no se hablaba de trabajo.[18] No faltaban tampoco las cacerías, el teatro, los conciertos, las exhibiciones en globo, etc.

«Los monarcas comen juntos cada día; evitan cualquier conversación política y dejan la transacción de los asuntos a sus respectivos ministros».[19] El que más se divertía era el zar de Rusia, que no hacía caso a su mujer y un día estaba con una y al siguiente con otra, y les escribía cartas tratándolas de *mon unique aimée.*[20] No obstante, al final, el cansancio de tantas aventuras, algunos problemas físicos y sus enfrentamientos en el congreso con Talleyrand y Metternich, fueron haciendo mella en Alejandro de Rusia y afloró su carácter colérico que fue la causa de que perdiera aquella popularidad que tanto parecía importarle. Pronto empezó a decirse que el cambio que se observaba en Alejandro hacía temer que acabase loco como su padre.[21]

También Metternich se dedicaba intensamente a las señoras y a los asuntos de cama.[22] Castlereagh, en cambio, acostumbraba a pasear con su esposa, Emily, una mujer rechoncha que no era precisamente objeto de caza para los conquistadores profesionales, y entraba con ella a preguntar en todas las tiendas sin comprar nada.[23] Con el tiempo, los vieneses se cansaron de estas continuas fiestas y de los visitantes que las protagonizaban y empezaron a culparlos del aumento del coste de la vida.

Pese a todo, el Congreso de Viena fue mucho más que una fiesta. Su objetivo teórico consistía en instaurar el «equilibrio de las potencias»: un periódico alemán hablaba del «establecimiento del equilibrio de Europa» y el *Times* aseguraba que se establecería «un equilibrio general».[24] Las negociaciones preliminares fueron complicadas. Se decía que antes de inaugurar el congreso los cuatro grandes habían celebrado muchas reuniones a puerta cerrada en las que quizás ya tomaban decisiones.[25] Al principio se había acordado que solo interviniesen los cuatro aliados vencedores (Inglaterra, Austria, Rusia y Prusia). De hecho, había sido un error calificar de «congreso», como constaba en el Tratado de París, lo que Metternich y Castlereagh insistían en que no era una asamblea en la que los participantes pudieran opinar, discutir y eventualmente aprobar, sino simplemente, la reunión de las cuatro potencias vencedoras que convocaban a los demás solo para darles a conocer sus acuerdos. Pero las protestas de Talleyrand y del representante español, Labrador, propiciaron la decisión de crear un «comité de los ocho» (los cuatro grandes, Francia y las tres «potencias menores», que eran, como ya se ha dicho, España, Portugal y Suecia) que fue el que convocó la apertura del congreso para el día 1 de noviembre de 1814.[26]

Los temas se repartirían entre diversas comisiones para facilitar que las cuestiones importantes fueran tratadas solamente por los cuatro grandes y Francia, mientras que las potencias menores quedarían relegadas a comisiones secundarias. Con el objetivo de mantener entretenidas a estas últimas, se crearon hasta diez comisiones (primero ocho, y después dos más),* de manera que todas pudieran participar en alguna de ellas con la intervención de sus funcionarios y expertos. En la de estadística se calculaba la población real de los territorios cuyo cambio de soberanía se estaba negociando, aunque los cambios los decidían los cinco grandes.

La tradición ha achacado la culpa de la marginación de España al embajador Pedro Gómez de Labrador, marqués de Labrador, al que por acuerdo casi universal se le consideraba un tonto de remate (al parecer, Wellington ya se lo había advertido al jefe del gobierno español). Es cierto que en Viena no desempeñó un papel demasiado solvente y que nadie lo quería como compañero en una discusión, pero, a decir verdad, aunque hubiera sido listo, tampoco habría podido actuar con brillantez porque la monarquía española estaba en un momento de extrema debilidad y desprestigio.[27]

Los problemas territoriales más importantes que había que resolver hacían referencia a la obsesión del zar por crear un Estado polaco, cosa que obligaba a realizar una serie de reajustes territoriales en Alemania, que afectaban, sobre todo, a Sajonia. A esta cuestión se añadían las de la restauración de los Países Bajos, la organización de la confederación suiza, la división de Italia y otros dilemas menores como el tema de Olivenza, cuya población, según recomendaban las potencias, había de ser devuelta a Portugal (y que no se hizo).[28] Para comprender la relevancia de estas cuestiones, bastará decir que de los 121 puntos del acta final del congreso, 107 hacían referencia a cuestiones de fronteras territoriales,** mientras que solo 10 puntos versaban sobre la navegación de los ríos internacionales. El artículo 118 citaba todos los acuerdos y tratados «anexos» al acta (entre ellos «la declaración de las po-

* Las primeras: el comité alemán, el de comercio de esclavos, el suizo, el de la Toscana, el de Cerdeña y Génova, el del ducado de Bouillon, el de los ríos internacionales y el de precedencia diplomática. Las otras dos comisiones: el comité estadístico y el comité de redacción del acta final.

** Del total, 50 son cuestiones alemanas, 14 tratan sobre Polonia, 9 sobre Holanda, 11 sobre Suiza, 20 sobre Italia y 3 sobre Portugal y Brasil.

tencias sobre la abolición del comercio de negros») y los tres últimos estaban dedicados a cuestiones concretas sobre el acta.

El problema que explica la larga duración del congreso y los enfrentamientos que se produjeron fue el tema combinado de Polonia y Sajonia. En Polonia, repartida desde hacía años entre Rusia, Austria y Prusia, Napoleón había construido un Estado independiente: el ducado de Varsovia. Ahora, lo lógico habría sido restablecer la situación anterior y devolver a cada potencia su parcela, como habían acordado en un principio los países interesados en los tratados de Kalisch y Reichenbachal (1813). Sin embargo, el zar la había ocupado y quería conservarla, no como territorio ruso, sino como reino de Polonia «vinculado indisolublemente a Rusia por una unión de las coronas», pero con un sistema de gobierno propio, que incluía una constitución: era lo que se llamaría, con motivo de su origen, la «Polonia del Congreso». Por otro lado, Alejandro se negaba a aceptar la solución alternativa propuesta por Castlereagh: la creación de un Estado polaco independiente. A este nuevo reino, gobernado por un miembro de la familia Romanov, se integrarían las provincias polacas que le habían correspondido a Rusia en el reparto anterior, buena parte de la Polonia prusiana y una zona de la austríaca: el círculo de Tarnopol (Galitzia), que los rusos habían reconquistado en 1809. En total, los rusos se quedarían con diez millones de súbditos polacos y dejarían cinco millones a los prusianos y austríacos, que, como sostenía el zar, podían obtener compensaciones territoriales en otros lugares.

El proyecto «liberalizador» de Alejandro para Polonia, que ofrecía una constitución con un parlamento con dos cámaras, contó inicialmente con el apoyo de los patriotas polacos. Los problemas con las otras potencias aliadas surgían de las compensaciones que habían de ceder a Prusia, que era la que más perdía con esta solución. El zar proponía resolver el conflicto mediante la concesión a los prusianos del reino entero de Sajonia, castigando así a su monarca por haber apoyado a Napoleón, pero el gobierno británico se oponía a ello. En pleno debate sobre esta confusa situación, Talleyrand, al que Luis XVIII había ordenado la defensa del rey de Sajonia, que era su primo, en nombre de los derechos de legitimidad, utilizó el argumento de que una cosa era castigar al rey de Sajonia por haber respaldado a Napoleón, y otra arrebatarle la corona. Su argumentación recibió la conformidad de

Baviera y de Wurtemberg, que coincidían en que había que resolver esta cuestión antes de tomar decisiones sobre Polonia. El rey Federico Augusto I de Sajonia, que había sido apresado y al que no se le había autorizado a enviar representantes al congreso, pudo así reclamar la devolución de su reino apelando a la legitimidad y recibió el respaldo de la nobleza y de los jefes del ejército de su país.

Transcurrieron varios meses de discusiones en las que el zar mantuvo sus pretensiones. La intransigencia de los rusos y de los prusianos dio pie a que Castlereagh presentase a los austríacos y a los franceses un proyecto de acuerdo destinado a no ceder a las ambiciones prusianas llegando, si hacía falta, a la guerra, que se firmó el 3 de enero de 1815; una triple alianza defensiva que permanecería en secreto. La consecuencia más importante de ello era que devolvía a Francia la capacidad de actuar como una potencia europea poco después de haber sido derrotada.*

Ante el endurecimiento de las negociaciones, el zar aceptó un trato que salvaba sus intereses sobre Polonia a cambio de abandonar a los prusianos, que tuvieron que renunciar a la anexión de Sajonia y se contentaron con 900.000 sajones, menos de la mitad del total, y con otras concesiones como la parte de Pomerania que había recibido Dinamarca de manos de Suecia en compensación por la ocupación de Noruega por parte de los suecos, y las 50.000 almas del Rin que les consiguieron los ingleses a expensas de los Orange holandeses y de Hannover. Castlereagh, para quien el gran rival del futuro seguiría siendo Francia, insistió en que los prusianos recibieran estas tierras de Renania porque quería que Prusia protegiera el Rin de los franceses e hiciera de colchón para el nuevo reino de los Países Bajos. El trato se completó a principios de febrero de 1814, cuando, después de tres meses de debates, reyes y ministros empezaban a estar cansados. Tras cerrar los acuerdos más importantes, Castlereagh regresó a Inglaterra el 14 de febrero

* A su regreso a París, durante los «cien días», Napoleón encontró el texto de este tratado secreto, olvidado por los hombres de Luis XVIII en su huida, y se lo envió al zar para que se diera cuenta de que británicos, franceses y austríacos conspiraban para evitar que controlase la Europa central. Alejandro, que necesitaba los recursos de los ingleses para mantener a su ejército, supo conseguir en beneficio propio que los ingleses le pagasen además la mitad de un préstamo que tenía con los holandeses.

dejando en su lugar a Wellington. El gobierno inglés, presidido por lord Liverpool, lo necesitaba para que defendiese en el Parlamento su política exterior, ferozmente atacada por la oposición *whig*.[29]

Entretanto Napoleón, al que el gobierno francés de Luis XVIII se resistía a abonar el subsidio acordado, y que necesitaba para pagar el sueldo de los militares que lo acompañaban, abandonado en una pequeña isla (12.000 habitantes) a sus cuarenta y cinco años, traicionado por todos, recibía noticias del malestar de Francia —un proyecto de ley para devolver a los antiguos propietarios aristocráticos los bienes no vendidos hizo temer a los campesinos que después se les quisieran devolver las tierras que habían comprado legalmente— y le llegaban rumores de que lo querían alejar, o incluso asesinar. De modo que el domingo 26 de febrero de 1815 abandonó la isla con unos setecientos hombres, entre soldados de la guardia y lanceros polacos, con los que inició la reconquista del imperio («la invasión de Francia por un solo hombre», dirá Chateaubriand). Su marcha hacia París duró veinte días, desde el 1 hasta el 20 de marzo de 1815, y fue triunfal, ya que contaba con el apoyo del campesinado y de los trabajadores y encontró poca oposición.

Posiblemente quería cambiar su situación asustando a las potencias europeas ante la perspectiva de una nueva guerra, o por lo menos pactar mejores condiciones para su rendición. No obstante, como él mismo reconocería más tarde, había errado el momento; debería haber esperado seis meses. Con todos los representantes reunidos en Viena, la reacción inmediata de las potencias fue declararle de nuevo la guerra. Lo que no iba a hacer Napoleón, ni siquiera en estos momentos desesperados, era optar por una salida revolucionaria, buscando el apoyo de las masas. Al principio, como ya hemos dicho, le seguían sobre todo los campesinos y los trabajadores, pero él se preocupó especialmente de aproximarse al ejército, donde se produjeron defecciones como las de los mariscales Michel Ney y Nicolas Charles Oudinot. El 20 de marzo, el emperador entraba en París mientras Luis XVIII y su familia huían para instalarse en Gante.

Los planteamientos políticos de Napoleón asumían en aquellos momentos una cierta continuidad con los que Luis XVIII había iniciado con la Carta: proponía pacificar el país con la intención de presentar una imagen tranquilizadora a las potencias, a las que se dirigía en son de paz. Pero ni siquiera la burguesía francesa estaba dispuesta a respaldarlo —el rey respetaba los beneficios fundamentales de la revolución en materia de régimen de propiedad y libertad de comercio, y no necesitaba mucho más—, ni las potencias, sobre todo Gran Bretaña, tenían la menor intención de admitir de nuevo a Napoleón. La noticia de la huida de Elba llegó a Viena la noche del 6 al 7 de marzo y desconcertó inicialmente a los reunidos. La reacción de los cuatro grandes fue la declaración del 13 de marzo, que condenaba a Napoleón «como enemigo y perturbador del reposo del mundo», es decir, como primer criminal de guerra sometido a la venganza pública, a la que siguió, el 25 de marzo, la renovación por parte de las cuatro potencias del Tratado de Chaumont, en el que se comprometían a seguir luchando contra Francia, ya que esta había vuelto a apoyar a Bonaparte. El 29 Wellington partía hacia los Países Bajos, acompañado de Pozzo di Borgo, y dejaba en Viena como negociador a lord Clancarty, que fue quien firmó el acta final del congreso.

El 30 de marzo, los ingleses se comprometieron a financiar los gastos militares de rusos y prusianos (los primeros aseguraban que no podían mover ni un solo soldado si no recibían subsidios para proveerlos). Ahora que habían superado los efectos de la crisis económica causada por el bloqueo en 1810 y 1811, y que había terminado la guerra contra los Estados Unidos, los ingleses estaban dispuestos a gastar unos cuantos millones de libras más para derrotar definitivamente a Napoleón.[30]

Aquella conmoción sirvió también para facilitar que en las negociaciones del congreso, que continuaron mientras duraba la nueva guerra, se llegase a un rápido acuerdo en unas cuestiones que hasta aquel momento parecían encalladas y que se resolvieron en el transcurso del mes de mayo. Los acuerdos territoriales de Italia se completaron: Austria recibía la Lombardía, Venecia, gran parte del Tirol y las provincias de Iliria (la costa adriática). Génova pasaba al rey de Cerdeña; la Toscana y Módena a un archiduque austríaco, y al papa le retornaban sus estados, con Ferrara, Bolonia y Rávena, pero no los enclaves franceses (Aviñón y el condado Venaissin).[31] En el sur se devolvía Nápoles y Sicilia a un Borbón, al viejo Fernando IV, convertido ahora en Fernando I de las Dos Sicilias, aunque en un principio parecía que Joaquín Murat, que había acabado traicionando a su cuñado Napoleón y negociando con Austria con la intención de conservar el reino, tenía posibilidades de mantenerlo. Los austríacos lo derrotaron en Tolentino el 3 de mayo y le allanaron el camino a Fernando de Borbón, que recuperó el trono el 17 de junio, mientras que Murat, que incluso intentó aproximarse nuevamente a Napoleón durante los cien días, acabó ejecutado por los Borbones el 13 de octubre de 1815, tras un intento fracasado de desembarco.[32]

Por otro lado, estaba el problema del ducado de Parma, antes perteneciente a la familia de los Borbones españoles, que lo utilizaban para colocar a algún hijo segundón. Había que retirar adecuadamente a María Luisa, esposa de Napoleón e hija del emperador de Austria, y los aliados se habían comprometido con Napoleón a darle el ducado de Parma. María Luisa, que se encontraba en Viena en aquellos momentos, aceptó abandonar la causa de su marido y que su hijo, el «rey de Roma», se instalase en el Hofburg.* El hecho de que Parma no se devolviera a los Borbones de Madrid explica la razón por la que el representante español no firmó de entrada el acta final del congreso.[33]

Quedaba todavía la cuestión de la ordenación de Alemania, que se formalizó el 8 de junio con la creación de la Confederación Germánica, en la que el gobierno federal dependía de una dieta, el Bundestag, presidida por Austria, con sede en Fráncfort. No obstante, no se llegó a crear ningún ejército ni tampoco un tribunal de justicia propios, necesarios para asegurar la unidad.[34]

* Después, una vez en Parma, María Luisa hizo amistad con un caballero de treinta y nueve años, el conde de Neipperg, al que le faltaba un ojo, que había perdido por un golpe de sable, pero que conservaba las capacidades necesarias para hacerle tres hijos. Estaba embarazada del tercero cuando murió Napoleón. Se enteró por la prensa y organizó unos funerales para «su marido», aunque prohibió que se mencionase su nombre, y se casó con Neipperg, que murió en 1829 y fue sustituido por un tercer marido, con el que contrajo matrimonio en secreto. El hijo de Napoleón, el «rey de Roma», *l'aiglon*, vivió con su abuelo, el emperador de Austria, y adoptó el título de duque de Reichstadt, hasta que murió de tuberculosis en 1832, a los veintiún años de edad, sin dejar descendencia.

Si se examinan en su conjunto los resultados del congreso, es evidente que las potencias continentales europeas consiguieron una regulación de los problemas territoriales de Alemania y de Italia que les garantizaban su propia seguridad. Quienes obtuvieron los resultados más beneficiosos fueron los británicos, pero para entenderlo hay que salir de esta perspectiva europea y situarse en la de la lucha por el mercado mundial. Por un lado, se aseguraban la anulación de Francia, su gran rival, no solo por las condiciones que se le imponían a consecuencia de la derrota, sino por el cerco que le infligían Holanda y la Renania prusiana. La reaparición de una Holanda independiente, entregada a un miembro de la familia de Orange* y reforzada con parte de los territorios belgas que la revolución había arrebatado al imperio de Austria, iba encaminada a obtener provecho de los acuerdos que los británicos habían establecido anteriormente con Guillermo V de Orange, pero sobre todo a impedir que Francia controlase una costa que incluyera a Amberes, uno de los principales puertos europeos.[35] Un cerco preventivo que se consolidaría con los territorios cedidos a Prusia en Renania.

Sin embargo, las ganancias fundamentales conseguidas por Castlereagh, que había ocupado un cargo directivo importante en la Compañía de las Indias, estaban en las rutas del mar: la del Mediterráneo, que comenzaba en Gibraltar, quedaba asegurada con la adquisición de Malta y de las islas jónicas; la de la India, con la adquisición de la colonia holandesa de El Cabo, de la isla Mauricio (la antigua Île de France, que había sido un centro de piratería en el Índico), y completada con la de Ceilán, también de los holandeses, a quienes pagaron una fuerte suma y les devolvieron las Indias orientales, incluida la actual Indonesia; a todo eso hay que añadir una serie de islas del Caribe, productoras de azúcar y de algodón.

Otras cuestiones que se decidieron fueron el reconocimiento de la neutralidad de los cantones suizos y la recomendación de que España devolviese Olivenza a Portugal. Temas como la libertad de navegación

* Holanda había vivido un proceso revolucionario desde 1780, con el establecimiento de la República Bátava (1787-1795), hasta que Napoleón la donó como reino a su hermano Luis en 1806. Descontento con su actuación por los problemas que originaban el mantenimiento del bloqueo y la demanda de tropas, lo destronó y Holanda quedó incorporada a Francia entre 1810 y 1813.

por los ríos internacionales o la abolición del comercio de esclavos no resultaron tan complicados.[36] Los judíos de Alemania pagaron grandes cantidades a Friedrich Gentz para que defendiese la conservación de los derechos adquiridos por influencia de la Revolución francesa (de poco les sirvieron después). El comité de precedencia estableció unas reglas de protocolo complicadas, y poco más.

Entretanto, la división en comisiones impedía que la mayoría de los participantes supiera lo que se estaba decidiendo acerca de las cuestiones verdaderamente importantes. Por consiguiente, la crónica del congreso que podían ofrecer los periodistas hacía referencia solo a los bailes y a las fiestas, aderezada con algunos rumores: «Países que una noche se ceden a un monarca a la mañana siguiente se ceden a otro», decía el *Times*.[37] Dos semanas más tarde, un corresponsal del mismo periódico declaraba su desesperación ante la total ausencia de noticias, y afirmaba que la única explicación plausible era que los temas importantes todavía no estaban decididos.[38] El 1 de febrero se publicaba que todo estaba a punto de terminar (¡y aún faltaban cuatro largos meses!).

Finalmente, se acordó que no se celebraría ninguna sesión general y que se partiría de las propuestas elaboradas en las distintas comisiones, agrupadas en un único texto para la comisión de redacción del acta final, creada posteriormente con este propósito. Por esto decía Gentz que no había habido ningún Congreso de Viena. Tan solo se reunieron todos el 9 de junio de 1815 para firmar o adherirse al acta final sin que nadie, salvo las cuatro potencias principales y Francia, hubiera podido siquiera discutir lo que se veía forzado a aceptar.

El acta la firmaban las ocho potencias; a las tres menores se les leyó el texto por encima (no todos los artículos porque no todos estaban traducidos al francés) y se les hizo firmar por orden alfabético: Austria, España, Francia, Gran Bretaña, Portugal, Rusia y Suecia. A la postre, España se negó a firmar por el tema de Parma y su espacio está en blanco, pero a nadie le importaba porque los españoles acabarían aceptándolo tarde o temprano. A los países pequeños solo se les permitió adherirse y el papa y el sultán no lo hicieron, por razones obvias.

Mientras se celebraban y acababan las sesiones del congreso, la guerra contra Napoleón proseguía y la validez de las decisiones tomadas en

Viena dependía del resultado de la contienda. El emperador tuvo serias dificultades para reclutar un nuevo ejército, pero también se vio en apuros Wellington, que se había marchado a Bélgica, donde consiguió reunir a 90.000 hombres, entre ingleses, holandeses, belgas, etc., sacando incluso soldados de guarnición de Inglaterra e Irlanda. Por otro lado, Blücher, con más de 100.000 prusianos, esperaba la llegada de los contingentes austríacos y rusos para invadir Francia otra vez. Napoleón comprendió que lo conveniente era atacarlos por separado, antes de que se reuniesen los refuerzos y penetró en territorio belga con 125.000 soldados. Venció a los prusianos el 16 de junio de 1815 en Ligny, pero el ejército prusiano no se retiró hacia el este, como esperaba Napoleón, sino que se dirigió hacia el norte con la intención de unirse a Wellington, que había reclamado su apoyo. La batalla decisiva tuvo lugar el 18 de junio junto al pueblo de Waterloo. «La noche anterior había habido una tormenta y el día era oscuro, con intervalos de lluvia», recordaría Wellington años después. Los dos ejércitos que se enfrentaron inicialmente tenían un tamaño similar, aunque las tropas del inglés no estaban tan bien preparadas como las francesas; «Napoleón nunca tuvo un ejército tan bueno como aquel», opinaba el general inglés, pero la intervención final de los prusianos rompió el equilibrio y el ejército francés terminó disuelto y huyó a la desbandada. El propio Napoleón estuvo a punto de ser capturado.[39]

El 21 de junio Napoleón regresaba a París derrotado, pero todavía aclamado por unas masas que ni siquiera en aquel momento quiso movilizar. Abdicó de nuevo en su hijo y se dirigió a la costa atlántica. El 15 de julio embarcó en el Bellerophon rumbo a Inglaterra, con la esperanza de que allí lo dejaran vivir en paz como exiliado. Por su parte, los ingleses pensaron en devolverlo a Luis XVIII para que lo ejecutase, pero al final cambiaron de idea por temor a que sus partidarios en Francia lo liberasen. Se resistieron también a las presiones de los prusianos que lo reclamaban para ejecutarlo, hasta que finalmente, puesto que no había base legal para mantenerlo encarcelado en Inglaterra, decidieron trasladarlo a un lugar del que fuera más difícil escapar que de la isla de Elba: la isla volcánica de Santa Helena, a 2.500 km de África y a 3.500 de Brasil, el enclave más alejado imaginable, al que llegó el 17 de octubre. El problema residía en que en realidad Napoleón no era un prisionero y, por consiguiente, su deportación era ilegal, como argumentaron algunos políticos *whigs*. De ahí su alegría al enterarse de su muerte el 5 de mayo de 1821, a los cincuenta y un años de edad, al parecer de cáncer.[40]

Una vez finalizado el Congreso de Viena y la guerra, con Luis XVIII de nuevo en el poder, las potencias decidieron castigar a los franceses que, empezando por el ejército, habían colaborado con Napoleón a su regreso. Las negociaciones fueron largas, de julio a noviembre, pero antes de terminar, el zar Alejandro lanzó la propuesta de convertir el acuerdo de las potencias en una Santa Alianza inspirada en el Evangelio, que suscribirían todos los monarcas. Metternich aprovechó para adaptar dicha propuesta al lenguaje de la diplomacia, y la convirtió en un manifiesto conservador que los reyes fueron firmando, a excepción de Gran Bretaña, cuyo príncipe regente envió al zar una misiva por la que se adhería a los principios expresados en el documento, pero alegando que las normas del constitucionalismo británico le impedían hacerlo formalmente. El 26 de septiembre, después de rubricar el documento con el emperador de Austria y el rey de Prusia, Alejandro regresó a Rusia sin esperar el final de la negociación.

Jacques-Henri Pirenne nos ofrece una visión diferente de lo que significaba este intento de crear una alianza universal de los pueblos basada en los valores del cristianismo, en el que aparece una mezcla de ideas masónicas y de la lectura de la Biblia, surgida en aquellos momentos por la influencia de la señora Krüdener.* El proyecto se había

* Barbara Juliane von Wietinghoff, nacida en Riga en 1764, hija de un rico caballero teutónico, era una mujer de mundo y literata, que tenía un salón en París al que acudían Buffon y D'Alembert. Se casó a los quince años con el barón Krüdener, un diplomático al servicio de Rusia, dieciséis años mayor que ella, y pronto empezó a mostrar tendencias místicas y un gusto por lo sobrenatural y la magia. Con los años, se acentuaron aquellas inclinaciones, enfocadas al pueblo ruso, que, según ella, era la raza sagrada e inocente, y el zar Alejandro el elegido de Dios para vencer al dragón y regenerar el mundo. Le enviaba cartas a la zarina, y esta, a su vez, se las mostraba a su marido, que en aquellos momentos estaba alicaído al haberse visto despojado por Wellington de su papel de héroe libertador de Europa, y se sintió halagado con este rol de redentor del mundo. Años después, la baronesa, anciana y decrépita, completamente olvidada por el zar —al que solo le había interesado el papel de arcángel que

concebido como instrumento para romper la política de Castlereagh, que dejaba aislada a Francia. Alejandro quería reaccionar contra la marginación a la que lo relegaban los ingleses y aliarse con Francia. Pirenne lo interpreta en función de los intereses políticos de Rusia, que la enfrentaban a Inglaterra en muchos puntos de su expansión, en el Mediterráneo oriental y, por consiguiente, su penetración por Asia, que amenazaba los intereses británicos en Persia o en la India. La visión de Pirenne, que convierte el proyecto en «un instrumento de una política rusa que iba más allá del marco de Europa», no deja de tener elementos interesantes, pero la realidad es que durante los años posteriores no se volvió a mencionar la Santa Alianza en las discusiones entre los gobiernos europeos.[41]

El segundo Tratado de París, que se firmó el 20 de noviembre de 1815, fue sobre todo obra de Castlereagh, que tuvo que oponerse a las exigencias de prusianos y holandeses de arrebatar territorios a los franceses. Se decidió, simplemente, que Francia permanecería con las fronteras de 1790 y no con las de 1792, como decía el primer tratado, que comportaba pequeñas pérdidas territoriales y, sobre todo, la cesión de una serie de fortalezas de frontera que pasaban a Prusia, a Holanda o a la Confederación Germánica, creando así una especie de «cordón sanitario» defensivo. El castigo incluía, además, unas indemnizaciones de 700 millones y el mantenimiento de 150.000 soldados de ocupación que permanecerían en el norte y el este de Francia durante un período de tres a cinco años (con unos costes calculados en 150 millones anuales, que a la hora de la verdad aumentarían). Por añadidura, esta vez se llevarían las obras de arte robadas, no solo las pinturas y esculturas de los museos, sino también otros trofeos, como los cuatro caballos bizantinos de bronce que Napoleón había expoliado de la iglesia de San Marcos, en Venecia, para colocarlos en un arco de triunfo en París.

El mismo día en que se firmaba este tratado, se renovaba también el de la cuádruple alianza que se había aprobado el 25 de marzo en

---

se le había adjudicado en aquella comedia— viajaba por el mundo con una joven suiza a la que hipnotizaba. En el momento de su muerte, en 1824, se proponía fundar una colonia mística en el sur de Rusia.

Viena, al que ahora se había añadido, por inspiración de Castlereagh, un nuevo artículo, el sexto, que rezaba:

> Con el fin de asegurar y facilitar la ejecución del presente tratado y de consolidar las relaciones íntimas que unen hoy a los cuatro monarcas para la felicidad del mundo, las demás partes contratantes acuerdan renovar en épocas determinadas [...] reuniones consagradas a los grandes intereses comunes y al examen de las medidas que, en cada una de estas épocas, se consideren las más beneficiosas para el reposo y la prosperidad de los pueblos y para el mantenimiento de la paz en Europa.[42]

Capítulo 3

LA ACCIÓN DEL CAPITALISMO

Este mundo en proceso de crecimiento, conmocionado por la amenaza de la Revolución francesa, fue asaltado, con la colaboración de los gobiernos, por los estamentos dominantes de terratenientes y grandes comerciantes, con la voluntad de adueñarse de los beneficios y, al mismo tiempo, impedir que se constituyese una fuerza política alternativa que les disputase la hegemonía.

La expropiación de la tierra

El aumento de la población comportó el de la demanda de alimentos básicos, especialmente de cereales, que aumentaron los precios —el del trigo se incrementó en Gran Bretaña en un 76% entre 1740-1750 y 1785-1795— y fomentaron, con ello, la avidez de los propietarios por extender el cultivo a las tierras de los campesinos.[1] En Gran Bretaña, que nos ofrece un claro ejemplo de esta situación, los terratenientes forzaron el cerramiento y la privatización de las tierras comunales (*enclosure*) para poder aplicar las técnicas del *new farming* a nivel individual, un procedimiento que exigía que se desarrollasen en campos cerrados. No se trataba de una mejora respecto al sistema practicado en campos abiertos bajo control comunal, sino de una apropiación individual que pretendía justificarse como un progreso.

Estos cerramientos privaron a los pequeños propietarios agricultores de los recursos necesarios para el mantenimiento de sus usos de cultivo. Entre 1750 y 1820 se «cerró» en torno al 30% de toda la tierra agrícola de Inglaterra y muchos miles de campesinos, privados del auxilio de los comunales, tuvieron que abandonar el cultivo y se proletarizaron. No fue un cambio que aportase mejoras globales, puesto que en torno a 1800 se puso de manifiesto que los rendimientos obtenidos en los pueblos donde se habían realizado cerramientos de tierras y en los que las mantenían abiertas eran prácticamente iguales. Según afirma E. P. Thompson, fue «un robo de clase»; la *gentry* supo aprovechar, además, las emociones suscitadas por las guerras contra Francia, con el espantajo de la posible llegada a Inglaterra de un Napoleón revolucionario que lo trastocaría todo, para robar la tierra a los pobres.

Este proceso es el que Marx describió en el capítulo 24 del primer volumen de *El capital* sobre «La llamada acumulación originaria», y en especial en la parte dedicada a la «Expropiación de la tierra a la población del campo»,* donde demostraba que los cerramientos no fueron una consecuencia inevitable de la evolución económica, sino que en su génesis estaba sobre todo la coerción ejercida sobre los campesinos por unos gobiernos que servían a los intereses de las clases dominantes para forzar su sometimiento al «sistema de trabajo asalariado».[2]

Del feudalismo al capitalismo: problemas y variantes

No tiene sentido alguno considerar el feudalismo como un complejo coherente de instituciones. Las leyes que se nos presentan como de abolición del dominio señorial son generalmente de alcance muy limitado y coinciden sospechosamente con épocas de inquietud revolucio-

* El modelo descrito por Marx en este texto estaba inspirado en el de la agricultura británica, pero a medida que fue conociendo mejor lo sucedido en otros países fue matizando el alcance de dicho modelo. En la traducción francesa de *El capital* explicaría que solo había querido aludir a la Europa occidental, que había seguido el modelo inglés, y en una carta que no llegó a enviar, dirigida a finales de 1877 al director de una revista rusa, sostenía que lo único que había pretendido en el capítulo 24 era «trazar el camino por el que había surgido el orden económico capitalista en la Europa occidental del seno del régimen económico feudal».

naria campesina* en las que se juzgó necesario ofrecer alguna concesión.[3] La complejidad de algunas de las instituciones del feudalismo, y la dificultad de separar los elementos jurisdiccionales y los contractuales, han propiciado que en algunos aspectos, como por ejemplo los relativos al censo y al laudemio, hayan sobrevivido, amparados por los esfuerzos de sus beneficiarios, hasta el siglo XX. Nunca hubo una abolición global del feudalismo, sino que se fue esfumando y transformando.[4]

La contraposición entre la agricultura campesina y la capitalista no debe conducirnos a un exceso de simplificación. La primera no era autosuficiente, sino que parte de la cosecha iba destinada a la venta o al intercambio. Además, dentro de este mundo había diferencias considerables según el volumen de la propiedad y los medios disponibles. Por ejemplo, la explotación familiar que utilizaba solamente el trabajo de sus miembros convivía con explotaciones más grandes que empleaban trabajadores contratados para labores temporales, como la cosecha, y otros para tareas que duraban todo el año. No es de extrañar, pues, que una parte de este mundo campesino, la de aquellos que estaban en mejores condiciones, acabase integrándose en el de la producción capitalista, y que figure entre los compradores de bienes comunales.

En referencia a Aragón, Alberto Sabio nos muestra la complejidad de los distintos tipos que existen dentro del campesinado, en el que aparecen figuras mixtas de comerciantes-arrendadores-artesanos-jornaleros, etc., nacidos de la imposibilidad de sobrevivir realizando una sola actividad productiva. En los extremos de este conjunto encontramos a los «no propietarios, perfectamente asimilables al grupo de pequeños parcelistas, y los grandes hacendados rústicos». Sin embargo, entre estos dos polos hay «una enorme realidad constituida por labradores y campesinos que conducían directamente su propia tierra y que, autoexplotando a la propia familia, obtenían del trabajo en sus tierras la mayor parte de los medios de sostenimiento».

Por otro lado, un estudio sobre la circulación de la tierra en la España del siglo XIX pone de manifiesto que las transacciones ya eran muy activas antes de las medidas de la «reforma agraria liberal»; un argu-

* Según Blum, hubo 23 decretos de abolición, total o parcial, del feudalismo entre 1789 y 1820 (cinco en los años 1831 y 1832); se interrumpen de nuevo hasta 1848 y aparecen trece más entre 1848 y 1853.

mento más para minimizar el mito de «la abolición del feudalismo» como causa de una transformación radical de la agricultura.[5] El mito de la lucha contra el feudalismo sirve, por ejemplo, para enmascarar la realidad política que llevó a cabo la expropiación de las tierras comunales, un proceso que se ha desarrolló de diversas maneras y a ritmos diferentes en cada país. En una propuesta harto interesante, referida concretamente a Murcia, Guy Lemeunier señalaba que «las luchas señoriales tienen que ser situadas en cada momento en el conjunto de la conflictividad social».[6]

Sabemos, por ejemplo, que en España ya se autorizaban algunas privatizaciones en el siglo XVIII,[7] muy importantes durante la «guerra del Francés», en las que una disposición del gobierno que permitía que los municipios vendieran bienes comunales de *propios* para atender a las necesidades urgentes en aquellos tiempos de guerra contra Napoleón circuló manuscrita por los pueblos sin que se llegase a imprimir ni a publicar. Sin embargo, es sabido que se utilizó ampliamente en beneficio de las autoridades municipales y de sus amigos y parientes, incluso una vez terminada la guerra, como demuestra una cédula real del 21 de diciembre de 1818,* que denunciaba el abuso que de ella se estaba haciendo.[8] Los propios campesinos lo interpretaban como un expolio, como revela la continuidad de la lucha de los pueblos por recuperar las tierras comunales, que se prolongó en España hasta bien entrado el siglo XX. Esta recuperación figuraba entre las reivindicaciones de los campesinos de Extremadura durante la Segunda República, y en Navarra la pugna por la titularidad de las *corralizas* comunales fue un elemento de enfrentamiento a comienzos de la Guerra Civil de 1936.[9]

Muy distinto fue el caso de la Francia revolucionaria, donde los campesinos se movilizaron, no tanto contra los derechos feudales, que

* «Continuaron sin embargo las enagenaciones, incluyéndose en ellas no sólo las fincas de propios, sino terrenos comunes, baldíos, egidos, eras, pastos y aun montes; unas sin absoluta necesidad, otras con muy poca, otras con ella, pero sin formalidad alguna; quedándose en poder de los propios constituyentes del ayuntamiento sin subasta, algunas sin tasa y otras, hecha ésta por ellos mismos y habiéndoles dado un valor muy ínfimo».

afectaban sobre todo a los propietarios independientes, como contra la usurpación de los comunales, que fue uno de los motivos inspiradores de miles de incidentes rurales, hasta que la radicalización de la revolución en 1792 obligó a satisfacer conjuntamente las dos aspiraciones campesinas de supresión de los derechos señoriales y conservación de los bienes comunales. Las consecuencias que esto tuvo para el futuro del desarrollo capitalista en Francia, y para el bienestar de los franceses, fueron, como veremos más adelante, considerables.[10]

En Alemania, la pérdida de los derechos de uso de los bosques condujo a la criminalización, por parte de las autoridades prusianas, de los actos de quienes, con el propósito de mantener los derechos que se les habían reconocido tradicionalmente, se negaban a aceptar las nuevas reglas. En una serie de cuatro artículos publicados en 1842-1843 en la *Gaceta Renana*, Marx se ocupaba del problema de los robos de leña, que en aquellos años se habían convertido en un delito muy frecuente en Prusia. Alarmados por esta situación, los miembros de la dieta renana decidieron convertirlos en «robo cualificado», que implicaba penas de una dureza desproporcionada. Lo mismo puede decirse del aumento del *furto campestre* en Italia.[11]

El gran debate: propiedad y jurisdicción

Sin embargo, el elemento más importante en la abolición de los derechos señoriales era distinguir entre una parte de los derechos, que se interpretaba como de naturaleza jurisdiccional, y que podía abolirse por ser feudal, y otra, de naturaleza territorial —solariega— relativa a la cesión a los campesinos, por parte del señor, de tierras de su propiedad, por las que el labriego seguiría obligado a pagar una renta al «propietario». En teoría el problema se tendría que haber resuelto con la presentación por parte del señor de los títulos de propiedad, pero la realidad fue que los señores consiguieron, en muchas ocasiones, conservar tierras sin títulos legítimos de adquisición, mediatizando con su influencia política las decisiones de los tribunales, como demuestra la parcialidad de quienes tenían la responsabilidad de resolver los casos: las sentencias sobre señoríos del Tribunal Supremo español entre 1849 y 1928, por ejemplo, fueron sistemáticamente favorables a los antiguos señores.

La complejidad de las formas en que se produjo este tránsito queda ilustrada en el caso español, en el que, en teoría, el proceso estaba regulado por una legislación estatal uniforme para todo el territorio, pero que se vio afectado por las diferencias existentes entre las formas en que se explotaba el patrimonio señorial a finales del siglo XVIII y principios del XIX.

En gran parte de la Corona de Castilla, las tierras se cedían en arrendamientos a corto plazo, circunstancia que favorecía, una vez depurada la relación de los elementos jurisdiccionales, que los señores pudieran recuperar sus tierras como propiedad. Sin embargo, en la Corona de Aragón, en Galicia y en Asturias dominaba la cesión de fincas a largo plazo a cambio del pago de un canon en forma de censo enfitéutico o de foro, que creaba una división ambigua entre la propiedad directa del señor, cuyos ingresos procedían de una relación que no tenía fijado un plazo de finalización, y el dominio útil del enfiteuta. En este caso la distinción entre jurisdicción y propiedad era más complicada. De este modo se explica que en gran parte de Andalucía la tierra de los señores terminara convirtiéndose en propiedad privada, mientras que en el País Valenciano la naturaleza enfitéutica de la relación y la existencia de una oligarquía de grandes propietarios de la tierra cedida en enfiteusis impidieron que se desarrollase el mismo proceso y favorecieron sobre todo a esta capa de enfiteutas.

En Galicia, la complejidad de la red de foros y subforos por la que circulaba la renta complicó aún más las cosas. Los señores directos eran principalmente eclesiásticos, perceptores de rentas, pero fueron los foreros intermediarios, procedentes en su mayoría de la baja nobleza, los que se embarcaron en una larga lucha por la propiedad con los titulares campesinos del dominio útil.[12]

He dedicado cierta atención a las complejidades del tema en España, donde dichos cambios se han producido bajo una legislación unificada, para que se entienda la dificultad de llevar a cabo una exploración parecida en el este y norte de Europa, donde se produjeron en marcos políticos y legales muy diferentes. En un principio tenemos la imagen de un panorama en el que la comunidad predominaría en el este, en Rusia, donde duró muchos años, sin impedir que la agricultura se modernizase tecnológicamente,* conviviendo con formas salvajes de explotación cercanas a la esclavitud, como en Polonia o en la Letonia de finales del siglo XVIII,** o los abusos del sistema señorial en Silesia, donde en torno a 1840 un campesino que cultivaba unas 15 hectáreas de tierra de un señor lo tenía que compensar con de 100 a 150 días de cultivo de sus tierras con un par de animales, 25 días de trabajo manual, 5 de pasto y caza, además de hilarle lino y darle leña, una gamuza, seis gallinas, sesenta huevos y una cantidad en metálico.

Una síntesis de la evolución en las tierras del este de Europa y del Báltico muestra cómo la ley de emancipación prusiana de 1807 fue utilizada por los señores para adueñarse de una parte de las propiedades campesinas. Sin embargo, en otros casos, como el de la emancipación en las provincias de Estonia y Letonia, podían producirse aberraciones como la de prohibir a los labradores «liberados» abandonar las fincas en las que trabajaban, donde los propietarios conservaban la facultad de aplicarles castigos físicos.

En términos generales, tenemos un panorama de abolición progresiva de la servidumbre personal y una consolidación de la propiedad privada de la tierra, generalmente en beneficio de los antiguos propietarios señoriales, favorecidos por las decisiones políticas de los gobiernos. Como ya hemos dicho, las luchas señoriales han de situarse siempre en el marco de la conflictividad social. Una consecuencia importante de la pérdida de los bienes comunales fue la liquidación de la capacidad colectiva de los campesinos de una localidad para controlar autónomamente sus usos y prácticas, con implicaciones colaterales como la supresión del rechazo de los nacimientos ilegítimos, que la comunidad penalizaba porque comprometían la disponibilidad de alimentos para el

* «No había contradicción alguna inherente entre el reparto comunitario y la introducción de una serie de mejoras que necesitaban una aportación sustancial de trabajo, capital y conocimiento».

** En 1777, un clérigo alemán decía de los siervos de Letonia: «Estos hombres son más baratos que los negros de las colonias de América. Un criado se puede comprar por unos 30 o 50 rublos; un artesano, cocinero o tejedor por una suma de hasta un centenar de rublos. El mismo precio se pide por toda una familia; una criada pocas veces cuesta más de 10 rublos y los niños se compran a 4 rublos cada uno. Los trabajadores agrícolas y sus familias se venden o cambian por caballos, perros o incluso por pipas de tabaco».

conjunto de la población. Como decía una campesina alemana, cuando, abolidas las viejas normas, le preguntaban por qué tenía tantos hijos ilegítimos: «Tener niños está permitido. El rey lo ha permitido».[13]

La expropiación del trabajo industrial

Otra corriente fundamental del desarrollo capitalista surgió del asalto a lo que hemos denominado la primera revolución industrial, a través de la expropiación, por obra de los empresarios capitalistas, del trabajo de los obreros de oficio, que a comienzos del siglo XIX constituían la parte esencial de la fuerza de trabajo en todas partes, incluida Gran Bretaña, donde los desarrollos económicos y tecnológicos eran los más adelantados de su tiempo. Maxine Berg contribuyó a desmontar el mito de una revolución industrial creada por las grandes industrias mecanizadas, destacando la importancia central de las manufacturas, mientras que Von Tunzelman lo hizo respecto a la aportación inicial de la máquina de vapor, que no fue tan importante como sostiene el mito.[14]

Por su parte, Gillian Cookson nos muestra la complejidad del progreso tecnológico en un terreno como el de la industria textil, donde el éxito no es el resultado de un invento, sino que a menudo depende de una serie de adaptaciones y probaturas. La mecanización del hilado, por ejemplo, ya la había planteado Lewis Paul en 1748, pero tuvieron que transcurrir treinta años para que estas primeras ideas se pudieran poner en práctica con eficacia, en una evolución que culminó con las mejoras empleadas por Richard Arkwright, que inicialmente hizo funcionar sus máquinas con la fuerza de los caballos, y después con la del agua, aplicada a la *water frame.*[15]

Esta expropiación se vio favorecida por la contribución de los gobiernos que, en beneficio de los intereses de los empresarios capitalistas, dificultaron la expansión de la producción doméstica y de la pequeña manufactura. Un aspecto fundamental de esta lucha fue la prohibición de las *trade unions*, las asociaciones de miembros de cada oficio, que fijaban las reglas del trabajo y del aprendizaje, a la par que los salarios y los precios justos, conforme a las viejas tradiciones de los oficios. De hecho, en

Gran Bretaña, estas *trade unions* estaban prohibidas desde el siglo XVI, pero entre 1799 y 1800, la promulgación de las *Combination Acts* facilitó su persecución. Contra el ataque a sus oficios, los trabajadores especializados de Gran Bretaña o de Francia reaccionaron con el «ludismo».

«Los luditas —escribe Kevin Bienfield— eran artesanos, principalmente trabajadores especializados de las industrias textiles [...] que, enfrentados a la sustitución de su trabajo especializado por máquinas y al uso de estas (manejadas con trabajo menos especializado) para rebajar los salarios produciendo bienes de menor calidad, optaron por destruir las máquinas ofensivas con el fin de conservar sus puestos de trabajo y sus oficios.»[16]

Comprender el papel del desarrollo del capitalismo en este terreno como una lucha entre los empresarios y las uniones de trabajadores independientes nos puede ayudar a descifrar un problema en el que ahondaremos más adelante. Se trata del hecho de que entre los combatientes de las revoluciones de 1830 y 1848 en París, los trabajadores de oficio y los menestrales fueran mayoría, en contraposición a los obreros no especializados y a los siervos. Todavía no era la lucha del proletariado, sino la de quienes defendían un mundo más igualitario, controlado colectivamente desde abajo.

Francia: otro modelo de industrialización

La historia económica tradicional ha convertido la supuesta inferioridad de la industrialización francesa del siglo XIX en un argumento a favor de la identificación del modelo capitalista británico como único exponente legítimo de la revolución industrial. El hecho de que a la larga se haya podido constatar que los resultados de la industrialización francesa en el siglo XIX no han sido inferiores a los británicos debería haber obligado a reflexionar sobre este punto, pero los prejuicios ideológicos suelen ser resistentes de la razón.[17]

Para explicar las diferencias iniciales hay que hacer hincapié en lo que significó la derrota del imperio napoleónico, con el fracaso del proyecto construido en torno al bloqueo continental y la pérdida de las colonias de América del Norte y la India.[18] Por otro lado, hay que tener en cuenta el peso de dos de las herencias de la Revolución francesa. La primera es que los campesinos mantuvieron, después de la restauración, buena parte de sus conquistas, hecho que contribuyó a la persistencia de la pequeña explotación campesina y frenó la proletarización que produjeron las *enclosures* en Gran Bretaña. La segunda sería el incremento de la fuerza de los movimientos de protesta popular, y con ellos del movimiento obrero, bien patentes en lo acontecido en Francia en 1830 y 1848, en contraste con la pasividad de los trabajadores británicos. Por ende, como concluye Jeff Horn, las diferencias en el terreno político y social propiciaron que Francia emprendiera un camino diferente de desarrollo industrial. Un camino, por otro lado, con costes sociales favorables a los trabajadores. En contraste con otros países donde los indicadores del bienestar físico muestran que la industrialización fue inicialmente negativa para los trabajadores, en Francia observamos que a partir de 1829, tras superar los efectos negativos de las guerras napoleónicas, a la par que crece la economía, mejoran también la estatura, la esperanza de vida y los indicadores económicos globales, como seguirán haciéndolo hasta el siglo XX.[19]

Esto queda reflejado también en las consecuencias de la crisis agraria de finales del siglo XIX, motivada esta vez no por las malas cosechas, como ocurría tradicionalmente, sino por el hecho de que los agricultores europeos no podían competir con los bajos precios de los cereales producidos en los Estados Unidos, Canadá o Argentina. La crisis provocó la emigración a ultramar de más de 50 millones de campesinos europeos arruinados, especialmente ingleses e irlandeses, pero también de 10 millones de alemanes, 5 de italianos y de 3 a 4 millones de españoles, mientras que los franceses no figuran en esta lista, pese a ser un país muy poblado y dependiente, en aquellos tiempos, de la agricultura. Esta situación tiene que ver sobre todo con la forma en que evolucionó la distribución de la propiedad de la tierra, que salvó a la pequeña explotación campesina. Una diferencia que no está vinculada al hecho de que, aun con un modelo menos agresivo, Francia optase también por el desarrollo capitalista, como puso de manifiesto la forma en que reaccionó contra la propuesta de una industrialización autónoma como la que representaba la «fábrica de la seda» de Lyon.

Capítulo 4

UN SISTEMA INESTABLE

Friedrich Gentz, hombre de confianza de Metternich y secretario general del Congreso de Viena, escribía el 22 de noviembre de 1815 al conde Nesselrode, representante de Rusia:

> Aquellos que en 1814 creyeron que se podía restablecer el antiguo régimen puro y simple han hecho a Francia tanto daño como Robespierre y Bonaparte. Pero la naturaleza de las cosas es más poderosa que los hombres. La revolución francesa ha completado su ciclo, como la de Inglaterra del siglo XVII. El período revolucionario ha sido igual de largo pero mucho más terrible y más radical que el de la de 1635 a 1660. La restauración absoluta no se consolidará, como tampoco lo hizo la que se trató de implantar en Inglaterra. Un desenlace parecido al de 1688 es el único que puede acabar razonablemente, y por completo, la revolución de nuestros días. El poder absoluto, una vez derrocado, no volverá a alzarse nunca más.[1]

Esta era una previsión de extraordinaria lucidez. La restauración absoluta, sobre la que se había basado el Congreso de Viena, no se podía consolidar. En realidad, el congreso había hecho poco más que fijar las fronteras para reordenar los territorios europeos, optando por el puro y simple restablecimiento de las reglas del pasado sin plantear ningún tipo de reforma política colectiva. Austria, Prusia y Rusia seguirían siendo monarquías absolutas, sin cambio alguno, igual que las restauradas en España y en Italia.

La tarea de construir «un desenlace parecido al de 1688» implicaba realizar una especie de revolución que asociase las capas propietarias medias al gobierno y les diese acceso a participar en los beneficios del desarrollo del capitalismo. Eso fue precisamente lo que dio sentido a la evolución política de la Europa occidental en el período que va de 1815 hasta 1848. Por consiguiente, resulta difícil entender la mitificación que del congreso, y de Klemens von Metternich, ha hecho la historiografía tradicional, llegando incluso a calificarlo, en palabras de Paul W. Schroeder, de

> la primera y única vez en la historia de Europa en que los estadistas se reunieron para construir un sistema internacional pacífico después de una gran guerra, y tuvieron éxito; el único acuerdo [...] que no fue acompañado o seguido después por un conflicto continuado o renovado, por tensiones renacidas, carreras de armas y políticas competitivas de equilibrio del poder.[2]

La crisis agraria de posguerra

La realidad es que los años posteriores al congreso no fueron un tiempo de paz y progreso, sino, muy al contrario, de desorden y revuelta. La historia académica nos lo explica desde arriba, analizando por ejemplo el fracaso de la reforma política aplicada en Francia con la carta constitucional de 1814, o la debilidad de los intentos de revolución liberal de la década de 1820 en España, Portugal o Nápoles, ignorando el gran problema de fondo que fue la crisis agraria de posguerra, una de las razones fundamentales del malestar que hizo fracasar estos proyectos.

La imagen que de estos años nos da el relato político, en el que todo parece reducirse a la esforzada pugna de los dirigentes por establecer un régimen que asegurase el orden social frente a la amenaza revolucionaria de los de abajo, es incompleta. En aquellos años se estaba produciendo en todas partes, aunque con ritmos y modalidades diferentes, pero con unos mismos objetivos y en un mismo sentido, un avance sistemático del capitalismo que comportaba la transformación por iniciativa del Estado de muchas de las reglas de la vieja sociedad. La política de los gobiernos de la restauración intervino directamente en dichos cambios. Como afirma James Galbraith, las nomas que regulan la economía las fijó alguien en algún momento y en algún lugar; no son leyes de la naturaleza, pero son las que determinan quién recibe los beneficios, dónde, cómo y por qué los obtiene. Fijar previamente las reglas del «mercado» permitía interpretar como cambios «naturales» los que se producían siguiendo estos principios, olvidando que «no hay mercados sin gobernanza, gobierno y regulaciones». Unas regulaciones que a menudo provocaban las protestas de los sectores sociales que se sentían perjudicados por ellas.[3]

No obstante, puede que aún resulte más inexplicable lo que pasa con la historia económica académica, que nos presenta estos años como una época de considerable crecimiento; como si se tratara de un relato independiente que no tuviera nada que ver con las guerras contra la Francia revolucionaria, con el Congreso de Viena o con las circunstancias políticas que condujeron posteriormente a las revoluciones de 1830 y 1848. En el balance económico de 1815 presentado en el Congreso de Historia de Viena de 1965, Ernest Labrousse sostenía que: «Al salir de esta guerra mundial [...] Europa ha aumentado su reserva de hombres, de productos, de capitales».[4]

La cuestión se planteó de nuevo en el Décimo Congreso Internacional de Historia Económica, celebrado en Lieja en 1990. En él, François Crouzet reaccionaba contra las visiones catastrofistas de las guerras napoleónicas, aseguraba que durante las mismas no se produjeron en Europa las hambrunas ni las grandes epidemias que habían caracterizado las guerras del pasado,* y concluía que la economía europea de 1815 no era muy diferente de la de 1789. Es más, afirmaba que probablemente era más próspera, con unos ingresos per cápita más elevados en la mayoría de estados.[5]

Si recurrimos directamente a las visiones globales de la historia económica europea, las guerras desaparecen del escenario, en una visión dominada por la huella del crecimiento industrial. Para Joel

* Una afirmación inexacta, como demuestra el caso de España, que en 1812 sufrió una hambruna catastrófica: solamente en Madrid se calcula que hubo unos 20.000 muertos de inanición. Un oficial francés describe una escena en la que el cadáver de un niño que acababa de morir fue inmediatamente devorado por sus compañeros. La euforia de las celebraciones del capitalismo ha propiciado el olvido de aquella otra imagen del conflicto representada por Goya en los *Desastres de la guerra*.

Mokyr las guerras revolucionarias y napoleónicas fueron poco más que un incidente en el curso de la evolución de una «economía ilustrada».[6] ¿A costa de quién se produjo este crecimiento? Sin duda a expensas de los mayores productores de riqueza de aquella época, los campesinos, que fueron los más afectados por los costes de la guerra y que, al terminar el conflicto, tuvieron que hacer frente a las demandas fiscales crecientes de unos estados que necesitaban recursos para la reconstrucción. Una situación que se produjo al mismo tiempo que los precios agrarios se reducían a la mitad, en una deriva que se mantuvo por lo menos hasta 1830, como confirma esta serie de precios del trigo en la Europa central y occidental:[7]

1813-1817	100
1818	73
1819	65
1820	63
1821	56
1822	58
1823	52
1824	52
1825	51

En Francia hubo, al principio, unos años de crisis social, sobre todo en el sur, donde el duque de Angulema y sus secuaces ultras desencadenaron el «terror blanco»: bandas de hombres y mujeres recorrían los campos y prendían fuego a las fincas de los bonapartistas, que eran asesinados impunemente por las calles, igual que hacían con los protestantes. En 1816 hubo malas cosechas en el norte: «el trigo escaseaba, los precios eran elevados y hubo muchas revueltas»; en 1817 fue la sequía la que arruinó las cosechas en el sur.[8] No obstante, en Francia la persistencia de la pequeña propiedad, gracias a las conquistas logradas durante la revolución, permitió superar el problema en pocos años.

En Gran Bretaña, la combinación de la guerra, la caída del comercio exterior a consecuencia del bloqueo de la Europa napoleónica y el conflicto con los Estados Unidos, comportó una crisis económica de tal gravedad que la respuesta ludita de los destructores de máquinas, a la que ahora se habían sumado los trabajadores agrícolas, obligó al gobierno a movilizar un ejército de 12.000 soldados contra lo que se presentaba como una amenaza revolucionaria. Una ley de 1812 castigaba con la pena de muerte la destrucción de máquinas y, por consiguiente, treinta luditas fueron ejecutados.

En aquellos años todos creían en la inminencia de una revolución, no solo los que la deseaban, sino también los que se oponían. Byron, que en 1812 había pronunciado su primer discurso en la Cámara de los Lores para defender a los destructores de máquinas —culpables del «delito capital de la pobreza»—, compuso en 1816 una *Canción de los luditas* en la que ponía en boca de estos últimos que cuando «cambiemos la lanzadera por la espada», utilizarían la tela que estaban tejiendo como mortaja para el tirano, cuya sangre negra será el rocío que hará reverdecer el árbol de la libertad: «¡y abajo todos los reyes menos el rey Ludd!». Shelley, tras asistir a la ejecución de Jeremiah Brandreth —un tejedor sin trabajo, cabecilla de los rebeldes de Pentrich, que habían sido engañados por un provocador a sueldo de la policía—, escribió, en 1819, un letra nueva para el himno nacional inglés, dedicada a la libertad, y un *Canto a los hombres de Inglaterra*, en el que denunciaba la explotación a la que estaban sometidos y los incitaba a la rebelión.

Un día de agosto de 1819 se congregó en St. Peter's Fields, en las afueras de Mánchester, una multitud de unas 60.000 personas que acudían a escuchar un mitin a favor de la reforma electoral. Al poco rato, la caballería voluntaria de Mánchester —un cuerpo local de civiles reaccionarios— atropelló a la muchedumbre indefensa, mató a golpes de sable a quince personas y dejó quinientos heridos.[9]

Las revueltas liberales de los años veinte

Como ya hemos visto, el sistema del congreso no hizo nada por combatir los defectos y limitaciones del Antiguo Régimen. En España, por ejemplo, Fernando VII, a su regreso del cautiverio, había anulado todas las reformas introducidas por el régimen constitucional en un decreto del 4 de mayo de 1814 en el que ordenaba la eliminación de todo lo que se había llevado a cabo desde 1808, «como si no hubieran pasado jamás tales actos y se quitasen de en medio del tiempo». Una situación parecida era la del reino de las Dos Sicilias, con el que los austríacos habían firmado un tratado de alianza, con un artículo secreto que obligaba al rey de Nápoles a no introducir ningún cambio en el absolutismo.

La respuesta a este inmovilismo fueron los movimientos liberales del sur de Europa, inspirados por la oficialidad del ejército y por la burguesía urbana, que aspiraban a tener algún tipo de participación en el gobierno que facilitase su integración en el desarrollo capitalista. El primero de estos movimientos se produjo en España, donde en enero de 1820 el comandante Rafael de Riego se rebelaba con unas tropas que estaban acampadas cerca de Cádiz, esperando poder embarcar para combatir contra los independentistas de las colonias de América. A esta revuelta se fueron sumando una serie de levantamientos urbanos en La Coruña, Zaragoza, Tarragona, Segovia, Pamplona, Barcelona y Cádiz, que acabaron forzando al rey a aceptar el retorno a un régimen constitucional. No obstante, estos movimientos no aportaban ninguna medida que pudiera resolver los problemas de los campesinos, que al principio permanecieron indiferentes ante sus programas y reaccionaron en contra cuando los gobiernos liberales quisieron estimular el crecimiento con nuevas cargas fiscales. El resultado fue la aparición de guerrillas campesinas absolutistas, inspiradas por la Iglesia, que veía peligrar sus privilegios y sus propiedades.[10]

En julio de 1820 estalló una revolución en Nápoles, iniciada en Nola por una treintena de carbonarios y por un centenar de oficiales y soldados que recorrían pueblos y caminos al son de la música y gritando vivas a la constitución y a la libertad. La insurrección de otros regimientos, comandada por Guglielmo Pepe, propició que el rey prometiese una constitución, que, mientras se redactaba, los insurrectos exigieron que fuera la española de 1812.[11] Pocas semanas después, en agosto, se producía un levantamiento en Oporto. Como escribiría en sus memorias Xavier de Araújo: «Tras la proclamación de la constitución en España [...], la revolución en Portugal era inevitable: ¡no podíamos seguir siendo durante más tiempo una colonia de Brasil ni estar gobernados por extranjeros!». El país vivía en una crisis compleja surgida cuando la invasión napoleónica forzó la marcha de los reyes y de la corte a Brasil, dejando la administración a las autoridades militares británicas, y se aprobó la autorización de instalar industrias en América así como el tratado comercial de 1810, que concedía todo tipo de facilidades a las importaciones inglesas.

La ruina del comercio colonial y de la industria portuguesa ayuda a entender la participación burguesa en el movimiento revolucionario. No obstante, hay que añadir a ello el malestar agrario de las zonas del centro y sur del país a consecuencia del descenso de los precios de los cereales, agravado por la importación de grano extranjero, y la agitación de los trabajadores que exigían mejoras salariales. Coincidían en este momento grupos sociales con intereses muy diversos, difíciles de conciliar a largo plazo: la nobleza metropolitana (relegada a un puesto subalterno por parte de la aristocracia cortesana de Río), oficiales del ejército (cuya promoción se veía perjudicada por la presencia de oficiales ingleses en rangos superiores), la alta magistratura, la burguesía, el campesinado, los trabajadores, etc.[12]

En los meses de febrero y marzo de 1821 hubo insurrecciones en los territorios europeos de Turquía, en los principados danubianos y en Grecia; en marzo se produjo un levantamiento en el Piamonte, que provocó la abdicación del rey Víctor Manuel, mientras un miembro de su familia, Carlo Alberto, príncipe de Carignano, era nombrado regente y juraba la Constitución española.[13]

No hay, empero, relación alguna entre estas revueltas y el movimiento «decembrista» ruso de 1825, en el que un sector de la nobleza quiso aprovechar las incertidumbres que dejaba la sucesión del zar* para aplicar una fórmula parecida a la del «pronunciamiento» de Riego.[14]

* A su regreso del Congreso de Verona, el 19 de enero de 1823, el zar Alejandro pernoctó en Romanchina, la residencia de su ministro de Marina y amigo personal, el francés Traversay, y le expresó su preocupación ante las revoluciones del sur de Europa. Traversay le comentaría a su hija: «Qué lástima ver a nuestro monarca sombrío, ausente y amargado; parece triste y desengañado». Poco después, el zar sufrió una crisis personal. Cayó enfermo, abandonó a su amante y se acercó de nuevo a su esposa. Alejandro tenía cuarenta y siete años, pero se sentía viejo y agotado. La zarina padecía tuberculosis y necesitaba trasladarse a un clima más cálido que el de San Petersburgo. Alejandro eligió Taganrog, un palacio aislado en Crimea, en la costa del mar de Azov, un lugar en medio de tierras empantanadas donde abundaban los casos de malaria. El zar llegó a finales de septiembre de 1825, se puso enfermo y murió el 19 de noviembre de aquel mismo año, seguido poco después por su esposa.

Esta agitación no se extendió a otros países. Francia, donde se había instalado un simulacro de régimen representativo con la carta constitucional de 1814, vio como el panorama político se removía a consecuencia de un crimen inesperado que tuvo lugar durante la noche del 13 de febrero de 1820: el asesinato del duque de Berry, sobrino de Luis XVIII y tercero en el orden sucesorio de la corona.* Este suceso obligó a Luis XVIII a dar un giro hacia la derecha, consolidando el dominio de los ultras en las cámaras con la llamada ley del «doble voto», que añadía 172 nuevos escaños de diputado que solo serían votados por los electores más ricos (unos 23.000 del conjunto de unos 100.000 con derecho a voto) que intervendrían normalmente en la elección general y, una semana más tarde, volverían a votar, esta vez ellos solos, en una segunda vuelta.[15]

Pese a dar estabilidad parlamentaria al régimen, este giro a la derecha motivó, en cambio, que los liberales, a quienes se les negaba la esperanza de acceder al poder por la vía electoral, se lanzasen por la vereda de una oposición abierta. En las universidades francesas la agitación contra las medidas ultras contribuyó a consolidar la politización de la juventud burguesa. Los altercados se extendieron a los barrios obreros de París, movilizados por las difíciles condiciones económicas que les afectaban. Al mismo tiempo, se descubría una serie de conspiraciones protagonizadas por militares carbonarios: intentos de alzamiento en Saumur, Colmar y Belfort, detención de los cuatro sargentos

* El duque y su esposa habían asistido a la ópera y, al encontrarse ella cansada, Berry la acompañó a coger el carruaje que había de llevarla de vuelta al palacio. El duque quería quedarse en el teatro para reunirse con su amante, la bailarina Virginie Oreille. En el momento en que el duque se disponía a regresar al teatro, un hombre se le abalanzó pasando por en medio de los dos ayudantes y de los centinelas que lo acompañaban, y le clavó un puñal. Instalaron al herido en el mismo teatro, donde sufrió una larga agonía-espectáculo que duró siete horas, a la que se sumó el rey Luis XVIII. Hacia las seis, el espejo de la tabaquera del rey no se empañó con el aliento del duque: había muerto. En sus memorias, la duquesa de Boigne dirá: «Teniendo en cuenta cómo era, su muerte no significaba ninguna pérdida, ni para su hijo, ni para su familia, ni para su país». El asesino era Louis Pierre Louvel, que había seguido a Napoleón a la isla de Elba y a Waterloo, y que en 1815 había conseguido un trabajo en las caballerizas reales. A pesar de que en el juicio declaró que había actuado solo, detuvieron a 1.200 personas antes de guillotinarlo el 8 de junio.

de La Rochelle, etc. Algunos de estos levantamientos se produjeron a consecuencia de la actuación de provocadores policiales a sueldo de los ultras, que querían asustar al rey.[16]

Por su parte, Austria no solo consiguió evitar el contagio revolucionario, sino que cumplió con la función que se le había asignado de policía del viejo orden en Alemania y en Italia. Después de que el estudiante Karl Sand asesinase a August von Kotzebue, un antiguo espía a sueldo de Rusia, Metternich, asustado por el movimiento de las asociaciones alemanas de estudiantes, Burschenschaften, partidarias de una Alemania unificada y democrática, consiguió que los dirigentes reunidos en el balneario de Carlsbad aprobasen unos decretos, ratificados el 23 de septiembre de 1819 por la dieta de la Confederación Germánica, que sometían a investigación a las universidades y profesores, prohibían las asociaciones de estudiantes y establecían severas normas de censura para libros y periódicos.[17]

No obstante, su principal preocupación era mantener el control en Italia, donde el Congreso de Viena les había permitido aumentar sus posesiones del reino lombardo-véneto, añadiendo Venecia, y donde mantenían las fortalezas de Ferrara, Piacenza y Comacchio, que les permitían controlar los Estados Pontificios y el reino de las Dos Sicilias. Las potencias de la Santa Alianza se reunieron en octubre de 1820, sin la participación de ingleses ni franceses, en el Congreso de Troppau (Opava) —continuado en Laybach (Lubliana) de enero a mayo de 1821— y, a petición del rey de las Dos Sicilias, encargaron a los austríacos la tarea de sofocar la revolución de Nápoles (febrero-marzo de 1821), donde dejaron un número considerable de tropas, además de «ayudar» al monarca custodiándole presos políticos en la lejana fortaleza de Spilberk, cerca de Brno. Pocos días después, también el Piamonte, donde un levantamiento liberal había provocado la abdicación del rey Víctor Manuel, «volvía al orden».[18]

Solamente la revolución española parecía poder resistir. Cuando, en el otoño de 1822, se reunieron en Verona los monarcas y sus ministros en el último de los grandes congresos de la Santa Alianza, la suerte del régimen liberal español estaba decidida. En Verona, y nuevamente bajo la dirección de Metternich, se repitió por última vez todo lo que hizo que el Congreso de Viena pareciese una fiesta. Acudieron el rey de Prusia, el emperador de Austria y el de Rusia, reyes y reyezuelos italianos, satélites de Austria, como el viejo y sanguinario Fernando de las Dos Sicilias (que se había presentado con la duquesa Floridia, con quien se había casado en secreto), la duquesa de Parma, María Luisa, viuda de Napoleón (que tenía dos hijos del general Neipperg y estaba embarazada del tercero), con todo un tropel de ministros, funcionarios y banqueros, acompañados de sus respectivas esposas, que organizaban saraos y reuniones.* A toda esa multitud había que sumar a los comediantes y a los músicos que intervenían en las fiestas, con Rossini al frente, desempeñando el papel que en Viena le había correspondido a Beethoven.[19]

El representante inglés, Wellington, acudió con las instrucciones que había preparado el ministro de Asuntos Exteriores, Castlereagh —que se había suicidado el 12 de agosto, degollándose con una navaja, al parecer atormentado por unas amenazas de extorsión en las que se le acusaba de homosexualidad**—, en las que sostenía que respecto a España había que observar «una total abstención de cualquier interferencia en los asuntos internos de este país». A George Canning, que sucedió a Castlereagh al frente del ministerio, poco le interesaba lo que se discutía en el congreso, tal como él mismo manifestó a sus colegas de gobierno: «Por importante que puedan ser los intereses que se discuten ahora mismo en Verona, en el presente estado del mundo, ninguna cuestión relativa a la Europa continental puede ser más inmediata y vitalmente importante para Gran Bretaña que las relativas a América», es decir, a los intereses del comercio británico en relación con los mercados de las colonias españolas.[20]

* Entre ellas destacaba Dorothea Benckendorf, condesa y después princesa de Lieven, esposa del embajador del imperio ruso en Londres, que fue amante de Metternich y que años después se convertiría en fiel compañera de Guizot. Durante el congreso su salón era el lugar donde se reunían cada noche la mayoría de ministros, con Metternich a la cabeza.

** El 9 de agosto, tres días antes de su suicidio, habría contado al rey que se le acusaba del mismo delito que había cometido el obispo de Clogher, Percy Jocelyn, que fue descubierto *in flagranti* con un guardia de granaderos en una taberna de Westminster.

Tras una serie de equívocos e intrigas, y de las vacilaciones de los franceses, el acuerdo final fue que las potencias enviarían unas notas de conminación al gobierno y que, en caso de no recibir una respuesta satisfactoria, retirarían a sus embajadores de Madrid. El 28 de enero de 1823, a la apertura en Francia de las sesiones parlamentarias, Luis XVIII hizo una declaración solemne:

> Cien mil franceses, comandados por un príncipe de mi familia [...], están preparados para marchar, invocando al Dios de San Luis, con el objeto de conservar el trono de España para un nieto de Enrique IV, preservar aquel hermoso reino de su ruina y reconciliarlo con Europa.

El 7 de abril de 1823, el ejército francés atravesó la frontera española. Esta vez la invasión no se vio frenada por la resistencia que habían encontrado los ejércitos napoleónicos en 1808, entre otras razones porque los soldados de Luis XVIII, a diferencia de los de Napoleón, pagaban las provisiones que pedían a los pueblos. No obstante, lo más importante era que el liberalismo no había conseguido el apoyo de las masas, muy numerosas en número, de los campesinos, que no habían recibido beneficio alguno del nuevo régimen. Quien mejor supo comprender las debilidades del liberalismo español fue un alemán que vivió su hundimiento:

> La revolución de España se había llevado a cabo sin la participación de la masa del pueblo. La primera preocupación de los hombres de estado que se habían situado a la cabeza del movimiento constitucional había sido la de evitar e impedir todo aquello que pudiera excitar con demasiado ardor las pasiones de la multitud. Estas pasiones, no obstante, y la energía general que podían generar, habrían podido por sí solas defender a España de las bayonetas extranjeras. Sin embargo, el gobierno no se atrevió a utilizar una palanca tan terrible, porque sabía a qué precio se paga con frecuencia esta clase de ayuda, y desde aquel mismo momento estuvo perdido.[21]

Explicaciones similares sirven para comprender la falta de apoyo al constitucionalismo en Nápoles, donde las clases dirigentes de la revolución —burguesía agraria y capas medias urbanas— velaban por sus intereses y no fueron capaces de plantear unos objetivos que pudieran movilizar a los campesinos pobres. O incluso para Portugal, donde los liberales, que se apresuraron a cambiar la Constitución por una carta otorgada a la francesa tan pronto como vieron que las tropas de Luis XVIII invadían España, no satisficieron las expectativas de los campesinos, es decir, de la inmensa mayoría de sus compatriotas, en el tema de la liquidación del feudalismo con la reforma de los *forais*.[22]

La recomposición del viejo orden

La experiencia de los movimientos de los años veinte no sirvió ni para progresar en el terreno de una participación más amplia en el gobierno, ni para crear conciencia de la necesidad de reformas sociales, sobre todo en relación con la situación de los campesinos. Los gobiernos europeos pensaban que todos aquellos movimientos eran obra de una conjura revolucionaria internacional. Era cierto que había una gran cantidad de sociedades secretas de carácter muy diverso, desde revolucionarias hasta ultraconservadoras.* Sin embargo, las conexiones a escala internacional entre las sociedades revolucionarias eran escasas y laxas. Se hablaba de dos centros directores europeos —el Comité Director de París y el Gran Firmamento de Ginebra—, pero no hay constancia de que ninguno de los dos llegase a coordinar gran cosa.[23]

* Los que más podían aproximarse a la imagen de la conspiración mundial eran los carbonarios. Filippo Buonarrotti había procurado organizarlos en tres círculos: la mayor parte de los militantes quedaba en el más bajo, «la iglesia», que era el único cuya existencia llegarían a conocer, con un programa que no iba más allá de la demanda del sufragio universal y la creación de algunas instituciones representativas. El programa del segundo círculo, «el sínodo», era democrático y republicano. Quedaba todavía el más elevado y secreto, «el areópago», que tenía la pretensión de asegurar una dirección común a los movimientos europeos; solo los miembros de este círculo conocían el credo secreto, que recogía las ideas del comunismo de Babeuf. Pero la carbonería actuó en los diferentes países sin una dirección centralizada y fue incapaz de unificar los esfuerzos en el campo revolucionario. En cada país aparecía con unos contenidos distintos, que respondían a los condicionamientos políticos y sociales de su entorno. Ni siquiera a escala de un mismo país puede decirse que fueran una fuerza unificada; del carbonarismo francés se ha podido afirmar que era «la convergencia» temporal de diversas tendencias políticas.

Incapaces de comprender la naturaleza real del problema, las monarquías europeas continuaron sin realizar ninguna reforma. En España, por ejemplo, el derrumbe del constitucionalismo condujo a una explosión general de violencia surgida de las capas inferiores. El «terror blanco», protagonizado por los campesinos pobres y por miembros del subproletariado urbano, enmarcados en los grupos de «voluntarios monárquicos», iba dirigido contra los acusados de liberalismo, generalmente de posición más acomodada, hecho que dotaba a esta persecución de un carácter de guerra social. Fernando VII pretendía evitar el retorno del liberalismo acentuando la represión. Consecuencia de ello fueron una serie de intentos de «pronunciamiento» protagonizados por militares liberales, que solían terminar en una despiadada represión. Los ultras, que querían una represión todavía más dura, favorecieron movimientos insurreccionales como el de los «agraviados», que en 1827 congregó en Cataluña de veinte a treinta mil rebeldes, en su mayoría campesinos.[24]

Inglaterra, que había experimentado una etapa de conmociones sociales desde finales de la guerra contra Napoleón, vivió, durante estos años, un paréntesis de tranquilidad, mientras proseguía la lucha en el terreno de los oficios contra las *trade unions*. En 1823-1824, al mismo tiempo que se derogaban las *Combination Acts*, se publicó la *Master and Servant Act*, una de las bases reguladoras del trabajo asalariado, que convertía en delito criminal la ruptura del contrato de trabajo por parte del empleado, cuyo patrón podía incluso llevarlo ante el juez de paz —que en ocasiones era el mismo propietario para el que trabajaba— que podía condenarlo a tres meses de cárcel y de trabajos forzados.

En relación con los obreros industriales, Engels escribió en torno a 1842: «Su esclavitud es más abyecta que la de los negros de América, porque están más estrechamente vigilados». El capitalismo no les ofrecía más alternativas que este trabajo sometido a opresión o «la libertad de morir de hambre». Por su parte, Marx sostenía que «la esclavitud oculta de los obreros en Europa» era el complemento necesario de la esclavitud abierta de las plantaciones americanas. Sobre estas dos bases se consolidó el crecimiento de la industria textil algodonera, que se mantuvo hasta 1900 como el ramo más importante de la revolución industrial.[25]

Entretanto, el gobierno tenía que hacer frente al problema de la emancipación de los católicos, es decir, a su acceso a la igualdad civil —a la que se oponía el rey, un amplio sector ultraprotestante del partido conservador y gran parte de la opinión pública— y a la dificultad de adecuar a las circunstancias de cada momento las reglas que fijaban la importación y almacenamiento de los cereales, las *corn laws*, una cuestión que movilizaba en cada ocasión los intereses de los terratenientes, que dominaban las dos cámaras, sobre todo la de los lores. Wellington, nombrado jefe del gobierno el 22 de enero de 1828, tuvo que enfrentarse, en primer lugar, al tema de la emancipación de los católicos, puesto que obviar su resolución podía comportar graves consecuencias en Irlanda, que estaba poco menos que en un estado de guerra civil. La ley fue aprobada en la Cámara de los Comunes, pero tuvo serias dificultades para vencer la oposición de los lores, y sobre todo la del rey, al que tuvo que amenazar con la dimisión si no la aprobaba. El verano de 1830 marcó los inicios de un gran cambio. Mientras en París se desarrollaba la revolución y los campos ingleses vivían graves conmociones sociales, Jorge IV moría y daban comienzo un nuevo reinado y nuevos conflictos.[26]

Tampoco Francia supo acomodarse a los problemas de los nuevos tiempos. Luis XVIII, un diabético obeso que no podía valerse de sus piernas que empezaban a gangrenarse, murió el 16 de septiembre de 1824, consolado hasta el final por la compañía de una amante, Zoé du Cayla, de quien, según Vitrolles, el rey, siendo muy aficionado al tabaco, «había obtenido el favor de aspirarlo sobre el seno de madame du Cayla, como si fuera el corazón de una rosa».[27] Fue sucedido en el trono por su hermano Carlos X, un personaje de aspecto físico más «regio» que el de su antecesor —entró en París montado a caballo bajo una intensa lluvia— pero de escasa capacidad intelectual, devoto y reaccionario.[28] Empeñado en mantener una política de reafirmación de la autoridad real, nombró el 8 de agosto de 1829 un gobierno dirigido por Jules de Polignac, cuya composición se había gestado en una serie de negociaciones con los ultras. El nombramiento cogió a todo el mundo por sorpresa y no gustó a casi nadie.* En sus memorias, el canciller Pasquier afirma que la publicación del ministerio «causó en Francia una emoción imposible de describir. En París, sobre todo, hubo una ex-

* Polignac era hijo de una favorita de María Antonieta, que se aprovechó de la reina y la abandonó en los momentos difíciles.

plosión de sorpresa indignada». La condesa de Boigne añadirá: «Nunca ha habido una catástrofe tan anunciada como la que preparaba, con tanto celo, el partido que había de sucumbir a ella».[29]

Entretanto, el gobierno se dedicaba a preparar una operación en Argel, que pretendía ser el inicio de un gran sueño imperial en el Mediterráneo y que, como había ocurrido en 1823 con la victoria en la guerra de España, había de devolver el prestigio a la monarquía. Aprovechando unos planes proyectados por Napoleón y hallados en los archivos del Ministerio de Marina, en mayo de 1830 se envió una flota de 675 embarcaciones con 37.000 hombres y 4.000 caballos. Al frente de la flota estaba el almirante Duperré y del ejército de tierra el general Bourmont. Sin más hombres para defenderse que los jenízaros, el dey de Argel se rindió a unas fuerzas muy superiores a las suyas, cuyos dirigentes, además, proclamaban que su intención no era invadir el país, sino solo castigar a su gobernante (de hecho, una vez conquistada la ciudad, los franceses no sabían cómo proseguir, porque no habían previsto ningún plan de ocupación del territorio). Se firmó una convención en la que el general francés se comprometía por su honor a respetar la religión de los nativos, y los jenízaros fueron deportados a Turquía con sus familias. La ciudad fue saqueada, haciendo especial hincapié en el tesoro público de la regencia, que desapareció de forma misteriosa, ya que de su montante, que se estimaba en un mínimo de 150 millones de francos, todo cuanto entró en Francia fueron poco más de 48 millones; al parecer, el resto se fundió. En cualquier caso, el botín de Argel, destinado a la caja del rey y a los gastos electorales del partido ultra, no llegó a tiempo a su destino. Pero lo que resultó letal para la monarquía fue que cuando, a finales del mes de julio, empezó la revolución en París, los 37.000 hombres armados que habrían podido cambiar el destino de la revuelta seguían combatiendo en el norte de África. De hecho, Bourmont no se enteró de lo sucedido en París hasta el 10 de agosto, cuando todo había terminado. Sintió entonces la tentación de regresar a Francia con buena parte de sus tropas para emprender la reconquista borbónica —imitando la acción de Napoleón a su retorno de la isla de Elba—, pero el almirante Duperré, que había reconocido ya al nuevo gobierno, se negó a colaborar. El 16 de agosto se daba la orden de sustituir en Argel la bandera blanca de los Borbones por la tricolor.[30]

El gobierno francés había cometido el error de adelantar el proceso de reacción: el 16 de mayo disolvía la cámara y convocaba para finales de junio y principios de julio unas elecciones con las que esperaba obtener una cámara más manejable.[31] La elección se saldó con 270 diputados hostiles y tan solo 145 «ministeriales», de modo que se puso en marcha el segundo paso del proceso previsto: apoyándose en el artículo 14 de la carta, el rey decidió dar un golpe de estado legal y promulgó cuatro ordenanzas: la primera suspendía la libertad de prensa, la segunda disolvía la cámara (que no había llegado a reunirse), la tercera planteaba nuevas reglas electorales más restrictivas y la cuarta, finalmente, fijaba el mes de septiembre para unas próximas elecciones que se llevarían a cabo de acuerdo con las nuevas normas. El general Marmont le comentaba durante estos días a la condesa de Boigne: «Están perdidos. No conocen ni el país, ni el tiempo. Viven fuera del mundo y del siglo».[32]

Capítulo 5

1830: LA INVENCIÓN DE LA REVOLUCIÓN BURGUESA

Las ordenanzas de Carlos X se publicaron en París el lunes 26 de julio por la mañana, y provocaron la indignación general. Marie-Amélie de Orleans, a quien la revolución convertiría en reina de los franceses, explicaba así sus experiencias de aquel día:

> Mientras me peinaba, mi marido [el duque de Orleans]* ha entrado en el tocador gritando: «Bien, querida, ya está hecho, ya tenemos el golpe de estado». Y ha dejado sobre el tocador el *Moniteur* del día [...]. Teníamos a comer a los condes Molé y de Houdetot, que nos han dicho que la sorpresa y la consternación eran generales en París.

La primera reacción de protesta fue un documento firmado por cuarenta y cuatro periodistas, mientras los políticos se reunían desconcertados y el rey y los cortesanos estaban en el palacio de Saint-Cloud, en las afueras de París, donde se dedicaban a sus actividades habituales: ir a misa, cazar y jugar a las cartas, sin ninguna clase de preocupación. No fue hasta el día siguiente, el martes 27, cuando, al estallar los disturbios, el rey dio orden al general Marmont de que se pusiera al frente de las fuerzas que había en París, añadiendo que si, como esperaba, todo quedaba en calma, volviese por la noche a dormir a Saint-

* Luis-Felipe de Orleans era descendiente directo de Luis XIV e hijo de otro Luis Felipe, conocido como Louis-Philippe Égalité durante la revolución.

Cloud. Marmont, que había sido nombrado a última hora para reemplazar al antiguo jefe, que estaba de vacaciones, llegó a la ciudad el martes a mediodía, y constató que no había nada preparado. Nadie había pensado que las manifestaciones populares espontáneas pudieran ser el detonante del conflicto. Las primeras se produjeron el mismo lunes en torno al Palais-Royal, residencia de los Orleans y lugar habitual de las reuniones y debates públicos. Los protagonistas iniciales de la protesta fueron los impresores, a los que las ordenanzas dejaban sin empleo debido al cierre de muchos periódicos. Apedrearon el carruaje de Polignac cuando se dirigía al Ministerio de Asuntos Exteriores, pero no hubo más problemas, de modo que el jefe de la policía de París comunicó al ministro del Interior que en la ciudad no había sucedido aquel día nada digno de mención.

El martes 27 se publicaron cuatro periódicos, en desafío a la prohibición, y Polignac pidió que las tropas protegiesen el ministerio debido a la gran multitud de gente que rondaba por las calles. Al mediodía, la policía hizo desalojar los jardines del Palais-Royal. Pasquier lo explica así:

> Me encontraba en la plaza del Palais-Royal cuando tuvo lugar el primer enfrentamiento. Los gendarmes cargaron sin previo aviso; los grupos se limitaban a gritar: «¡Viva la Carta!». Nadie de los que los componían iba armado; algunos hombres se encaramaron sobre un montón de escombros y lanzaron piedras a los gendarmes. La infantería de la guardia llegó poco después; entonces los soldados empezaron a disparar. Hubo siete u ocho personas muertas en la plaza y en las calles aledañas. Una escena similar se produjo frente a la Bolsa.

La policía y el ejército desmontaban las primeras barricadas mientras eran apedreados desde las casas y ellos respondían disparando contra las ventanas y terrados. En total hubo veintiún muertos. Poco después del mediodía, treinta y siete diputados se reunían en casa de Casimir Perier y acordaban preparar un documento de protesta dirigido al rey.

Alrededor de las diez de la noche todo parecía en calma y Marmont pudo enviar un informe tranquilizador a Saint-Cloud. No obstante, aquella misma noche las armerías de París fueron saqueadas y abastecieron a los rebeldes de escopetas de caza y pólvora. La policía no había tomado precaución alguna. Al día siguiente de madrugada, el depósito de pólvora del gobierno caía en manos de la multitud. A partir de aquel momento, a los insurrectos no les faltó munición. Aquella noche se levantaron centenares de barricadas por toda la ciudad. El miércoles 28 por la mañana, la gente se lanzó a la calle empuñando los fusiles conseguidos en las armerías o arrebatados a las fuerzas del orden, junto con los cuarenta mil guardias nacionales que estaban de permiso, «de manera que a las ocho de la mañana se podían contar en París unos cien mil combatientes con las armas en la mano». La mayoría de los que luchaban eran menestrales: carpinteros, albañiles, zapateros (las mujeres participaban sobre todo en la construcción de barricadas). Entre las reivindicaciones se mezclaban las demandas propias de su condición de trabajadores de oficio y el deseo del retorno a un régimen de libertades. Las banderas blancas de los Borbones pronto fueron destrozadas y aparecieron las primeras tricolores.

Los ministros fueron a refugiarse junto a Marmont en las Tullerías. En aquellos momentos aún habría bastado con anular las ordenanzas y nombrar un nuevo gobierno para pacificar la situación. Los diputados reunidos en casa de Casimir Perier proponían ir a Saint-Cloud y exponer al rey sus reivindicaciones. La mayoría quería mantenerse dentro de la legalidad, en primer lugar porque no creían que los insurrectos pudieran resistir a las fuerzas armadas, pero también porque no deseaban su triunfo. No tenían ningún tipo de conexión con la revolución que se estaba produciendo sin ellos y les preocupaba el rumbo que pudiera tomar. Una representación de cinco encabezada por los financieros Laffitte y Perier fue a ver a Marmont para comunicarle que, si se retiraban las ordenanzas, ellos harían lo imposible para detener la lucha. Marmont les propuso que hablasen con Polignac, que estaba en la sala contigua, pero el ministro no quiso recibirlos.

Marmont le comunicaba al rey:

> Esto ya no es una revuelta, sino una revolución. Es urgente que vuestra majestad tome medidas de pacificación. El honor de la corona aún se puede salvar. Mañana quizás sea demasiado tarde.

Mientras tanto, Polignac le aseguraba al rey que todo iba bien y que había que resistir. Por consiguiente, Carlos se negaba a «tratar con súbditos rebeldes» y les proponía: «Que abandonen las armas y experimentarán todos los efectos de mi bondad». Le decía, además, al conde de Broglie que Polignac había tenido aquella noche una aparición de la Virgen que le había ordenado que aguantase y le había prometido que todo terminaría bien.

El jueves 29, la mayor parte de la capital estaba en manos de los insurrectos y Marmont solo controlaba la zona del Louvre y del palacio de las Tullerías. A primera hora de la mañana Polignac partió hacia Saint-Cloud, donde el rey, al enterarse de la gravedad de la situación, dijo que hablaría con sus ministros, pero no antes de haber asistido a la misa de las once. Finalmente, al mediodía se reunió el consejo de ministros, donde la mayoría se mostró partidaria de hacer concesiones. A las cuatro de la tarde Polignac anunciaba que el rey había decidido nombrar un nuevo gobierno presidido por el duque de Mortemart, en el que se le ofrecía un ministerio a Casimir Perier, a la par que aceptaba retirar las ordenanzas y reunir al Parlamento. A las seis de la tarde se le encargó a Sémonville que se trasladase a París, con otros dos acompañantes, para comunicar la resolución y detener los combates. Sin embargo, en la ciudad no había en aquellos momentos nadie a quien dirigir las noticias. Un grupo de diputados se había reunido en casa de Laffitte, donde al mediodía se presentó La Fayette y manifestó que a petición de sus conciudadanos iba a encabezar la guardia nacional de la ciudad. A continuación, se decidió crear una «comisión municipal» para que se ocupase del regimiento de la capital «en ausencia de gobierno» y La Fayette fue a instalarse al ayuntamiento.

Mientras los enviados de Saint-Cloud intentaban comunicar la noticia de las nuevas decisiones reales sin saber a ciencia cierta a quién dirigirse, el nuevo ministro designado tuvo que esperar toda la noche en Saint-Cloud, mientras el rey y el delfín volvían a sus habituales partidas de cartas y de ajedrez, el retorno de los hombres enviados a París antes de decidir definitivamente los poderes que se otorgarían a Mortemart, cosa que no sucedió hasta que a las cinco de la mañana del viernes treinta de julio, el ministro hizo despertar al rey para obligarlo a entregarle los poderes y las garantías suficientes.

Si en algún momento del día anterior había habido alguna posibilidad de llegar a algún tipo de acuerdo, ahora se había desvanecido por completo. El nuevo primer ministro tuvo que entrar en la ciudad a pie y con dificultades, y cansado, cubierto de lodo y enfermo, trató en vano de encontrar con quién dialogar. Ningún periódico quiso publicar las nuevas disposiciones de Carlos X y su enviado fue recibido con la respuesta de que ya era demasiado tarde.

Los políticos reunidos en casa de Laffitte en aquellos momentos decidieron convocar una reunión en la cámara de diputados donde el financiero consiguió que se votase el ofrecimiento del cargo de lugarteniente del reino al duque de Orleans y la adopción de la bandera tricolor. Se trataba, en teoría, de una medida provisional que no prejuzgaba la solución definitiva del conflicto, sino que dejaba abierta la posibilidad de negociar con Carlos X, como muchos todavía deseaban. Eso era lo que convenía que todo el mundo creyese para poder facilitar la aceptación de aquella fórmula; pero Laffitte envió a Adolphe Thiers a Neuilly, donde se encontraba la familia del duque de Orleans, para plantearle la necesidad de aceptar, puesto que de lo contrario el resultado sería o bien un Napoleón II, como querían los bonapartistas, o, lo más probable, una república que les haría perder sus bienes y los obligaría a exiliarse de nuevo. El duque aceptó la propuesta y regresó al Palais-Royal.

Los diputados rechazaron las tardías concesiones de Carlos X y los pares, por miedo a lo que pudiese suceder si continuaba el proceso revolucionario, acabaron aceptando el nombramiento del duque de Orleans como lugarteniente del reino. Entretanto, Carlos X, asustado por la noticia de que fuerzas enviadas desde París marchaban hacia Saint-Cloud, huía a las tres de la madrugada del sábado 31. Aquel mismo día, al amanecer, el duque de Orleans se entrevistaba con Mortemart en el Palais-Royal, y pedía angustiado que el rey aprobase su nombramiento como lugarteniente, a la vez que le encargaba que le transmitiese que antes de que le pusiesen la corona sobre la cabeza se dejaría hacer pedazos. A las diez de la mañana, una delegación de diputados se dirigía al Palais-Royal para ofrecerle el cargo, que Orleans acabó aceptando; tenían prisa porque los jóvenes revolucionarios se estaban moviendo para proclamar la república e incluso habían acudido a La Fayette para proponerle la presidencia. Hacia las dos del mediodía una comitiva con el duque salió hacia el ayuntamiento de París donde La Fayette y el duque, con la bandera tricolor en la mano, salieron al balcón y se abrazaron entre los gritos de entusiasmo de la multitud. El nuevo poder estaba legitimado y, como diría Laffitte, «la comedia había terminado».

El domingo 1 de agosto, un Carlos X que se había refugiado en Rambouillet, a más de cuarenta kilómetros de París, y al que los soldados de la guardia estaban abandonando, «nombraba» lugarteniente del reino al duque de Orleans. Al responder Orleans que no podía aceptar de él un cargo que antes había recibido de otra autoridad, el rey hacía un último intento por salvar la dinastía: su abdicación y la del duque de Angulema, y le pedía a Orleans que proclamase a su nieto, el hijo del duque de Berry, Enrique V de Francia. Lo que hizo el lugarteniente fue ofrecer a Carlos y a su familia salvoconductos para que pudieran salir tranquilamente de Francia. El 3 de agosto, el duque de Orleans aceptaba el nombramiento ante las cámaras y anunciaba las abdicaciones de Carlos y del delfín, sin añadir nada sobre el nieto. Aquella misma noche enviaba tropas a Rambouillet para convencer al rey de que era preciso que abandonase el país.

> La historia —dice Pasquier— no ofrece tal vez ningún otro ejemplo de un monarca destronado siguiendo en paz durante quince días, sin que la tranquilidad se alterase ni por un instante, el camino que había de conducirlo al exilio.

A la postre, Carlos se embarcó en Cherburgo el 16 de agosto con un séquito de setenta personas, cuando hacía ya una semana que había un nuevo rey: Luis Felipe I, rey de los franceses. Mientras la corte ralentizaba la marcha hacia el exilio, las cámaras habían modificado algunos artículos de la carta otorgada por Luis XVIII, rebautizándola con el nombre de «Carta constitucional», y proponían que, teniendo en cuenta que «el trono estaba vacante de hecho y de derecho», Luis Felipe de Orleans se convirtiera en el nuevo rey.

«El pueblo —dirá Cuvillier-Fleury— parecía encantado de tener un rey y, sobre todo, de haberlo hecho él mismo». Cosa que no era verdad, sino la primera muestra de cómo los vencedores iban a falsear la historia de los «tres días gloriosos». El pueblo había hecho la revolución y los políticos se la habían robado para darle, a cambio, un «rey ciudadano» que sería, en realidad, el rey de la burguesía. No en vano había afirmado Laffitte que «ahora empieza el reinado de los banqueros», y Casimir Perier que no había habido ninguna revolución, sino un cambio de persona al frente del Estado. Nadie analizó mejor la realidad del cambio que Thiers, uno de los protagonistas de esta historia. Había que evitar los peligros de un Napoleón II (cabe recordar que el hijo de Napoleón todavía vivía y se encontraba en Viena) y de una república, que quería volver a los tiempos inciertos de la revolución: «se tenían que evitar las violencias del 83 e incluso las teorías del 89». La solución era «conservar el trono y cambiar la dinastía».

La ley del 19 de abril elevó a 190.000 los electores y a 3.000 los elegibles, en una población de 32 millones. Se trataba de impedir que pudiese prosperar una propuesta de cambio democrático e igualitario nacida desde abajo.* El discurso político había conseguido ocultar el contenido social del problema, y, una vez más, el relato académico nos presentaría como triunfo de una revolución lo que no era más que el inicio del reinado de los banqueros.[1]

La revolución se extiende por Europa

Los acontecimientos de Francia, más revolucionarios en la retórica que por los cambios reales comportaron, contribuyeron a la agitación de los difíciles equilibrios internos en otros muchos países de Europa. La primera repercusión se produjo en Bélgica. El 26 de agosto se inició en Bruselas una revuelta que tenía sus orígenes en el malestar por la crisis económica, pero que estaba alentada principalmente por los sentimientos contra los holandeses, a quienes habían sido entregados los belgas por las potencias vencedoras. El movimiento insurreccional se extendió y permitió la proclamación de la independencia el 4 de octubre. La separación de Bélgica fue la primera gran alteración del mapa de Europa fijado por el Congreso de Viena y obligó a las potencias a reunirse en Londres para aprobarla. Probablemente Austria, Rusia y Prusia se habrían opuesto, de no ser porque el inicio de una revuelta en Polonia, que les suponía una amenaza directa, las obligó a aceptar la propuesta conjunta de franceses y británicos que reconocía la separación de Bélgica,

* Entre los 211 muertos y los 1.327 heridos por su participación en la revolución que posteriormente fueron objeto de compensaciones, el número de obreros no especializados y siervos es mucho menor que el de los trabajadores de oficio y los menestrales (por ejemplo, 128 carpinteros).

fijaba sus fronteras y decidía que fuera un territorio neutral bajo la permanente garantía de las potencias.

En febrero de 1831, los belgas reunieron una asamblea que redactó una Constitución bastante avanzada para su tiempo y eligieron por rey al segundo hijo de Luis Felipe, pero el rey de Francia renunció y la conferencia de Londres decidió por su cuenta que el monarca que convenía a los belgas era Leopoldo de Sajonia-Coburg, y se lo impuso. Leopoldo entró triunfalmente en Bruselas el 21 de julio de 1831, se casó con una hija de Luis Felipe y vio aseguradas sus relaciones con Gran Bretaña cuando su sobrino, Alberto, contrajo matrimonio en 1840 con la reina Victoria.[2]

En Polonia estalló el 29 de noviembre una conspiración nacionalista que tenía una relación indirecta con los acontecimientos de Francia y Bélgica. Para comprenderla, hay que recordar que el zar Alejandro I, junto con su amigo y colaborador polaco Adam Czartoryski, había creado un reino de Polonia, bajo el nombre de Polonia del Congreso, unido a la corona rusa en la persona del zar, con una constitución, un parlamento, un Sejm, integrado por dos cámaras, la inferior elegida, y con ejército propio. El nuevo zar, Nicolás I, había aceptado de mala gana los sucesos de Francia, pero estaba decidido a actuar contra la independencia belga, de modo que ordenó la movilización del ejército polaco para una posible intervención en la Europa occidental. Las órdenes se publicaron en Varsovia el 18 y 19 de noviembre y suscitaron una gran conmoción.

La revuelta polaca se inició la noche del 29 al 30 de noviembre, creando una situación de angustia a sus propios dirigentes por temor a que el levantamiento comportase el fin de la autonomía. Se formó un gobierno provisional presidido por Czartoryski, del que estaban excluidos los radicales que pedían la independencia, con el objetivo de negociar con el zar. Sin embargo, Nicolás no estaba dispuesto a ello y se limitó a publicar el 17 de diciembre un manifiesto en el que amenazaba a los insurrectos con severos castigos y ofrecía el perdón a los que se sometiesen, excluyendo la aceptación de cualquier cambio político. La exaltación fue creciendo y la radicalización condujo a la ruptura definitiva: el 25 de enero de 1831 el Parlamento deponía a Nicolás, haciendo inevitable la guerra. Los rusos derrotaron a los polacos en

Grochów el 25 de febrero, pero la victoria final no les resultó fácil, complicada además por el estallido de una epidemia de cólera. Por su parte, los polacos fueron incapaces de movilizar a los campesinos haciéndoles concesiones relativas al régimen de servidumbre al que estaban sometidos, y tuvieron que ver cómo, contrariamente a lo que esperaban, los gobiernos de Francia y de Gran Bretaña no tenían la menor intención de intervenir en su apoyo, como sí lo habían hecho en los casos de Grecia y de Bélgica.

El verano de 1831 asistió al triunfo de las fuerzas rusas; el Parlamento y el ejército propio fueron suprimidos, la Constitución de 1815 reemplazada por un estatuto orgánico, la universidad de Varsovia cerrada y el país sometido a un régimen de ocupación. En contrapartida, el zar mejoró las condiciones del campesinado. Una consecuencia imprevista de la derrota fue que los polacos huidos propagaron por la Europa occidental el cólera que habían llevado a Polonia las tropas rusas procedentes de territorios asiáticos.[3]

También en Italia los patriotas, organizados en sociedades secretas democráticas, albergaban grandes esperanzas. De momento se establecieron una serie de gobiernos constitucionales con poco más que una retórica bienintencionada y el apoyo de la nobleza local, de la burguesía, de los menestrales y de las capas populares urbanas, pero no de los campesinos, que contemplaban con indiferencia aquella revuelta. Les había resultado fácil imponerse sin demasiada lucha al ineficiente y corrupto Estado papal y a los reyezuelos locales, pero carecían de la suficiente fuerza para enfrentarse a los ejércitos del imperio de Austria que, una vez más, se disponía a desempeñar el papel de policía con el consentimiento incluso de los franceses «revolucionarios», que en aquellos momentos buscaban la aceptación de las potencias absolutistas. Los revolucionarios italianos aprendieron entonces que divididos eran demasiado débiles y que necesitaban elaborar un programa unitario y republicano, como el que desarrollaría el genovés Giuseppe Mazzini, que marchó exiliado a Francia en febrero de 1831 donde fundó la Joven Italia, concebida como respuesta a los fracasos de los levantamientos liberales y de las conspiraciones de los carbonarios.[4]

El clima de agitación se extendió a Alemania con una serie de movimientos en los que se combinaban la lucha contra las tendencias absolutistas de los monarcas y el malestar social. Los resultados fueron cambios en las constituciones y el progreso de los liberales en el terreno político. No obstante, puede que aún fuera más importante la actividad de las asociaciones de estudiantes (Burschenschaften) que actuaban a escala alemana, por encima de las fronteras de los estados, con una tendencia liberal y nacionalista. Metternich asumió, una vez más, su papel de policía de la Europa central. Primero fueron las leyes de 1832 que restablecían la censura y situaban el poder de la Confederación Germánica, el Bund, por encima de los estados individuales, neutralizando lo que estos hubieran podido conceder en sus constituciones. En 1833 siguieron los acuerdos de Münchengratz con Prusia y Rusia, que parecían recrear una pequeña Santa Alianza, a la que Palmerston respondería al año siguiente con la Cuádruple Alianza entre Gran Bretaña, Francia, España y Portugal, que venía a consolidar la división de Europa en dos bloques antagónicos.[5]

En el centro de Europa había un amplio bloque de territorios dominado por los Habsburgo, integrado por el Imperio de Austria y por una serie de entidades que formaban en su conjunto el Estado más extenso de Europa, después del Imperio de Rusia, con una población compuesta por una extraordinaria mezcla de etnias y una estructura administrativa laxa y poco eficaz.

Francisco I había sido desde el inicio un firme defensor del viejo orden contra la revolución, y cuya línea de actuación contaba sobre todo con la colaboración del checo Franz Kolowrat en la política interior, y de Metternich en la política exterior. El emperador murió en 1835 y le sucedió su hijo Fernando I, epiléptico y de escasa capacidad mental, a quien su padre le dejó este consejo: «Reina y no toques nada». Por aquel entonces, las cosas parecían tranquilas en Europa, mientras Viena vivía en apariencia unos años de paz bajo la vigilancia de un gobierno que lo controlaba todo, pero que no fue capaz de distinguir las señales de un creciente malestar social. Sí se percataban, sin embargo, del peligro que representaba el ascenso del nacionalismo, aunque fueron incapaces de actuar con eficacia para frenarlo en Hungría, con Lajos Kossuth al frente, o en Galizia, donde la preparación de un movimiento nacionalista por parte de los nobles polacos estimuló la terrible revuelta de 1846, en la que los campesinos, quizás instigados por los austríacos, se levantaron contra los nobles y mataron entre 1.500 y 2.000 propietarios polacos.[6]

Inglaterra, al margen de la revolución

El 26 de junio de 1830 moría Jorge IV y era sucedido por su hermano Guillermo IV (un marino de 65 años, del que el *Times* diría en el momento de su muerte: «no fue un hombre de talento, ni de gran refinamiento, pero tenía buen corazón»). No hubo ningún movimiento revolucionario importante, pese al inicio, aquel mismo verano, de los alborotos agrarios que se conocen con el nombre de *Swing*, o de *Captain Swing*, que provocaron un total de 1.475 «incidentes» —protestas, amenazas y destrucción de maquinaria agrícola— en algunas comarcas del sur y del este de Inglaterra. Quizás el aspecto más sorprendente de este movimiento sea que, a pesar de la abundancia de las amenazas destinadas a intimidar a los propietarios, hubo muy poca violencia real —los sublevados no causaron ninguna víctima—, sin punto de comparación con la represión, que se saldó con 19 ejecuciones en la horca (de un total de 252 condenas a muerte), 544 encarcelamientos y 481 deportados a las colonias penales de Australia.

Mientras E. P. Thompson sostiene que «en el otoño de 1831 y en los "días de mayo" [de 1832] Gran Bretaña estuvo lista para una revolución que, una vez iniciada, podía haber prefigurado [...] las revoluciones de 1848 y de la Comuna de París»; George Rudé se pregunta, en cambio, por qué no hubo una revolución en Inglaterra en 1830 o en 1848, cuando en esta época había habido una serie de crisis políticas y sociales parecidas a las de los países europeos vecinos, que habían desembocado en movimientos revolucionarios.* Hay una respuesta lógica

* En un ambicioso trabajo de sociología histórica Charles Tilly analizó unas ocho mil movilizaciones de masas ocurridas en Inglaterra entre 1758 y 1834, y llegó a la conclusión de que la violencia de las reclamaciones iba remitiendo con el tiempo, a medida que iba apareciendo «una nacionalización» y «parlamentarización» de

a esta pregunta de Rudé relativa a 1830. En aquel momento no hubo una revolución burguesa por la sencilla razón de que ya la habían llevado a cabo los burgueses ingleses unos ciento cincuenta años antes, a partir de la alianza de los terratenientes y de la gran burguesía, en una ambiciosa transformación por arriba que dejó gran parte de la administración interior en manos de los terratenientes locales.[7]

Como dijo Thiers, para que una revuelta popular cuajara en una revolución era preciso que «la clase media», es decir la burguesía, le diera «la señal de lucha», y esta conjunción no era posible en la Inglaterra de 1830. Lo comprendió perfectamente lord Melbourne, que se hizo cargo del restablecimiento del orden, primero como ministro del Interior, de 1830 a 1834, y después como primer ministro, de 1835 a 1841, mientras en el trono se producía en 1837 el cambio de Guillermo IV por la joven Victoria, que empezaría a reinar a los 18 años y seguiría durante sesenta y cuatro, hasta su muerte en 1901. Melbourne pensaba que era mejor dejar que actuase la justicia antes que tratar de resolver los problemas con las fuerzas, más bien escasas, de que disponía el gobierno central (un ejército de 29.000 hombres en tiempos de paz). Además, tenía la convicción de que la gente de orden tendía a exagerar los peligros reales y a actuar erróneamente debido al miedo, cuando lo que se requería era «no hacer nada hasta que llegase el momento inevitable de intervenir».

Estaba convencido de que las causas por las que se rebelaban los campesinos eran el hambre, los sueldos bajos o el peligro de quedarse sin trabajo, y que los planteamientos políticos que legitimaban la revuelta eran invenciones de los demagogos, que no tenían nada que ver con la verdadera causa del malestar, ya que se negaba a aceptar que hubiera una cultura política en las masas populares. Por lo tanto, consideraba que lo correcto era no dejarse llevar por la histeria de los que anunciaban terribles conspiraciones y tratar de arreglar las cosas con medidas humanitarias y con un recurso limitado a las fuerzas represivas locales. Mantener la ley y el orden formaba parte de los deberes de los terratenientes. Quienes tenían que resolver la situación eran los jueces de paz, cuyo cometido consistía en hacer cumplir las leyes de

---

la presentación de quejas, que evolucionaban «de la acción directa a la indirecta y a más largo plazo».

pobres y en preservar el orden por medio de la milicia, aplicando el principio de que había que asistir a los pobres, pero manteniéndolos en su sitio.

Por otro lado, las asociaciones políticas, dedicadas sobre todo a la reforma electoral, y las de trabajadores (las *trade unions*), en principio habían de ser consideradas legales siempre que no se planteasen objetivos subversivos, en cuyo caso habría que intervenir con dureza.* El gran problema que había que resolver de manera prudente eran las reivindicaciones de reforma electoral que habían acarreado la caída del gobierno de Wellington el 15 de noviembre de 1830.[8] Lord Charles Grey, el político *whig* que le sucedió desde 1830 hasta 1834, pensó que la solución consistía en reformar el sistema electoral y abrirlo a nuevos sectores de la burguesía, pero manteniendo el dominio de la aristocracia terrateniente.**

Con el fin de aprobar una reforma a la que se oponía tenazmente su propio partido, tuvo que enfrentarse a una larga lucha en el Parlamento. Contaba con el respaldo en la calle de amplias capas de la población y con la participación activa de miembros de la pequeña burguesía y de la clase obrera, que se hacían ilusiones exageradas sobre el alcance de lo que el gobierno *whig* quería llevar a cabo. La intención de Grey era reforzar el control del sistema electoral asociándose a un sector de la burguesía que estaba tan interesado como la nobleza terrateniente en la defensa de la propiedad, a fin de impedir un nuevo intento de am-

* Tal como se hizo en la brutal represión aplicada a los trabajadores agrícolas de Tolpuddle, que habían organizado un sindicato. Pese a no haber llegado a convocar ninguna huelga ni hecho amago alguno de intimidación, sí que habían realizado juramentos en secreto en el momento de la constitución del sindicato, de manera que, valiéndose de una antigua ley contra la sedición, fueron condenados el 18 de marzo de 1834 a siete años de deportación en Australia. En cambio, cuando un mes después se llevó a cabo una manifestación de protesta por la condena de los «mártires de Tolpuddle», el gobierno la toleró, porque manifestarse era lícito.

** Tal como le escribió a la princesa Dorothea de Lieven: «En la composición de mi ministerio he tenido en cuenta dos objetivos esenciales: el primero, mostrar que en estos tiempos de democracia y jacobinismo es posible hallar una auténtica capacidad en la alta aristocracia. No es que yo quiera negar el mérito, si lo encuentro, en la gente común, pero, en casos de igual mérito, admito que me decantaré por la aristocracia, porque esta clase es una garantía para la seguridad del estado y del trono».

pliación del voto, como temían los propietarios, que pensaban que si los pobres pudiesen votar «toda la propiedad de la sociedad estaría a merced de los que no tienen nada».

La ley de reforma electoral de 1832, conocida como *Great Reform Act*, decepcionaría a la mayoría de los que habían luchado en su favor. Su característica más positiva fue la eliminación de los *rotten boroughs*;* pero el electorado, que seguiría determinado por la riqueza, pasó solamente de unos 500.000 votantes a unos 813.000, el 5,8 % de una población de 14 millones de habitantes. Como afirma Gash, «era más una racionalización de los viejos y desordenados mecanismos electorales que una extensión hacia abajo». Su mayor limitación era que mantenía el voto público y se negaba a aceptar la introducción de la «papeleta», el voto secreto en una urna, hecho que no se produjo en Gran Bretaña hasta los años setenta.

A la reforma electoral hay que añadir medidas como la *Factory Act* de 1833, que pretendía proteger a los niños que trabajaban en las fábricas, y la ley de la abolición de la esclavitud, que concedía a los esclavos la libertad, condicionada por un período «de aprendizaje» previo.[9]

FRANCIA: LA «MONARQUÍA DE JULIO»

Luis Felipe de Orleans, el «rey ciudadano», era en apariencia un buen burgués, preocupado hasta la corrupción por su fortuna y por la de sus ocho hijos. Era la clase de rey adecuado para presidir el triunfo de la gran burguesía, de la «clase de los notables», definida ante todo por la posesión de riqueza, que ahora ocuparía los cargos políticos y propiciaría la transformación de la Cámara de los Pares, con la supresión del derecho de herencia y la posibilidad de acceder a ella sin título

* Los «burgos podridos» eran distritos electorales casi despoblados que conservaban el privilegio de elegir a un representante en la Cámara de los Comunes, permitiendo así que los terratenientes locales los controlasen: en esos momentos había más de 140, de un total de 658 diputados, incluida una cincuentena que tenían menos de cincuenta electores. Esta realidad contrastaba con el hecho de que ciudades industriales de la importancia de Mánchester, Birmingham y Leeds no tuvieran representación en el Parlamento.

nobiliario. La vieja nobleza legitimista, partidaria del retorno de los Borbones, se mantuvo inicialmente al margen de la vida política, pero al final, una parte de ella acabó incorporándose de nuevo.

El voto quedaba limitado por la fortuna: la ley de 1831 se lo concedía a aquellos que pagaban por lo menos 2.000 francos de impuesto por la propiedad (para ser elegible había que pagar 5.000), de manera que el número de votantes nunca superó los 240.000 en una población de 35 millones. François Guizot, el político más representativo del régimen, opinaba que aquello no era obstáculo porque uno podía remediarlo enriqueciéndose; sin embargo, la realidad es que esta exclusión favoreció el desarrollo de una serie de asociaciones radicales, sobre todo republicanas, y explica la frecuencia de las revueltas que hicieron que París estuviese constantemente vigilado por las fuerzas armadas. La supresión de la censura contribuyó al desarrollo de una prensa que pronto se convertiría en el arma con la que la oposición que no tenía acceso al Parlamento haría oír su voz. Hubo más de quinientas publicaciones periódicas, muchas de ellas críticas con el rey, al que los caricaturistas representaban con la cabeza en forma de pera, y con los gobiernos. Allí donde no llegaba la censura, lo hacían los procesos y las multas; con todo, la prensa tuvo un papel fundamental al alimentar los movimientos contra el régimen. Los partidarios del nuevo sistema, en opinión de Heine —que escribía desde París artículos para la prensa alemana— eran «los empleados, los banqueros, los grandes comerciantes, los propietarios y los tenderos».

Luis Felipe se proclamaba partidario del *juste milieu*, una expresión que le era útil para disimular su oposición a los cambios, pero al mismo tiempo, con su pasión por inmiscuirse en todo y controlarlo todo desde palacio, obstaculizaba el desarrollo de una política parlamentaria, favoreciendo con ello gobiernos débiles incapaces de oponerse a sus pretensiones. A la postre, cansados de sus intromisiones, los políticos tuvieron que recordarle que Francia era una monarquía parlamentaria basada en el principio de que «el rey reina pero no gobierna».*

* Un parlamentarismo mitigado, no obstante, por la corrupción: los diputados, que no cobraban ningún sueldo, vendían su voto cada vez que se les presentaba la oportunidad.

Tras una breve gestión al frente del gobierno de Jacques Laffitte, que tuvo que enfrentarse a las primeras revueltas republicanas en París, el turno pasó en marzo de 1831 a Casimir Perier, que a principios de junio tuvo que lidiar con una nueva revuelta en París y en noviembre con la de los *canuts*, los trabajadores de la seda de Lyon, contra los que se vio obligado a enviar al ejército bajo las órdenes del mariscal Soult. Meses después, en marzo de 1832, estallaba en París la epidemia de cólera que causaría la muerte de Perier.[10]

Lyon, que Alejandro Dumas describió como una «pobre villa de barro y humo, donde se amontonan las riquezas y las miserias, donde los ricos no se atreven a poner caballos en sus carruajes por miedo a ofender a los pobres, donde para cuarenta mil desgraciados las veinticuatro horas del día tienen dieciséis de esfuerzo y fatiga», contaba en torno a 1830 con una producción textil que daba trabajo, directa o indirectamente, a buena parte de sus 150.000 habitantes. En la cúpula de esta estructura había entre 750 y 800 negociantes-fabricantes, que eran empresarios industriales sin fábrica, que compraban seda, la hacían tejer en los talleres artesanos y la vendían después por su cuenta. Sin poseer ni un solo telar, controlaban totalmente la actividad de la ciudad. En segundo término había cerca de 8.000 menestrales, propietarios de los telares, que trabajaban para los fabricantes y competían entre sí ofreciendo los precios más bajos posibles. Algunos solamente tenían dos o tres telares en los que trabajaban con la familia; otros tenían siete u ocho y utilizaban el trabajo asalariado de un total de 30.000 a 40.000 trabajadores, aprendices y mujeres que los asistían, en jornadas de 15 a 18 horas, y compartían con sus patrones las incertidumbres del trabajo y del beneficio. Sumados a los que trabajaban en ocupaciones complementarias, como el tinte, un 20% de la población de Lyon dependía de la «fábrica de seda».[11]

Las revueltas de los *canuts*, que no iban contra la mecanización, sino que reivindicaban unas relaciones de trabajo estables, con un salario garantizado, contra la incertidumbre especulativa de los mercados capitalistas, son una buena muestra de la persistencia de los valores de una industrialización «de los artistas», reprimida a sangre y fuego por la república burguesa instalada por la revolución de 1830.

Las figuras dominantes de este período fueron Louis-Adolphe Thiers y François Guizot. Thiers tuvo que hacer frente a la insurrección que habían iniciado los realistas en la Vendée, dirigida personalmente por María Carolina, duquesa de Berry, viuda del príncipe asesinado y madre del heredero de la corona. Gracias a una delación bien remunerada se pudo capturar a la princesa y se descubrió que, pese a ser viuda desde 1820, estaba embarazada, un hecho que no solo la desacreditaba personalmente, sino que resultó muy grave para la causa de la legitimidad.* Guizot, por su parte, puso en marcha el 28 de junio de 1833 la primera ley de educación primaria universal, que declaraba obligatoria la enseñanza pública, financiada por los ayuntamientos, y que creaba un amplio cuerpo de maestros laicos, que serían los agentes de la nacionalización francesa y despojarían de buena parte de su peso social a la Iglesia, que solo conservaría la educación femenina.

La inquietud social que había debajo de la apariencia de estabilidad afloró de forma manifiesta en abril de 1834, con una nueva revuelta en Lyon y otro levantamiento republicano en París, que sería brutalmente reprimido. La respuesta no se hizo esperar, el 26 de julio de 1835 se producía el atentado de Giuseppe Fieschi, un corso que, en contacto con la republicana Sociedad de los Derechos del Hombre, preparó una «máquina infernal» con 25 pistolas que disparaban a la vez. Esta máquina se puso en marcha cuando el rey pasaba por delante de la casa donde vivía Fieschi: la familia real resultó ilesa, pero murieron 18 personas y los conspiradores fueron guillotinados. La reacción del gobierno fue la publicación de las durísimas «leyes de septiembre», que castigaban especialmente a la prensa y que garantizaron la continuidad del gobierno durante unos años, pero a costa de ver cómo aumentaba día a día la impopularidad del rey, que acabó siendo odiado hasta el extremo de producirse una serie de intentos de regicidio.[12]

Thiers volvió al poder en marzo de 1840 y trató de ganarse el apoyo popular que el régimen había perdido con actos como el retorno a Francia del cadáver de Napoleón, celebrado con toda solemnidad. Partidario de fortalecer el imperio africano, en una época en que Argelia

* El intento de justificar su situación mediante un supuesto matrimonio secreto con un noble napolitano —un candidato que le proporcionó madame Du Cayla, la vieja amante de Luis XVIII— resultó poco convincente.

se había pacificado y a la que se enviaban los primeros colonos, se vio envuelto en la nueva cuestión de Oriente planteada por el pachá egipcio, Mehmet Alí, en su intento por independizar Egipto y Siria del Imperio otomano.

Mehmet Alí era un soldado albano que había llegado a Egipto durante las guerras napoleónicas, había optado por la influencia francesa en la modernización del país y se había convertido en protegido de los gobiernos de París. Ibrahim, hijo adoptivo de Mehmet, se apoderó de Siria y avanzaba hacia el Bósforo, hecho que obligó al sultán Mahmut II a pedir ayuda a Rusia. Un nuevo conflicto, iniciado a la muerte de Mahmut, que al parecer ponía en peligro la supervivencia del Imperio otomano, obligó a las potencias a intervenir. El 15 de julio de 1840, Turquía, Rusia, Austria y Gran Bretaña firmaban una convención que garantizaba la continuidad del imperio y relegaba a Mehmet a conservar y transmitir por herencia la condición de pachá de Egipto. El 17 de julio, Palmerston comunicaba la firma del tratado al embajador francés en Londres, que entonces era Guizot. Aquello era poco menos que un insulto para Francia, marginada del trato, y tuvo como consecuencia, espoleada por el estímulo de la prensa, una reacción nacionalista que llegó al extremo de pedir una nueva guerra europea como las de Napoleón. Thiers movilizó al ejército y asustó con ello a los alemanes, que pensaban que quería recuperar las tierras del Rin. El propio Luis Felipe utilizó una retórica belicista.

En Londres, lord Melbourne, jefe de gobierno, estaba convencido de que el problema no era Oriente Próximo sino Thiers, de quien no se fiaba en absoluto, y pensó que lo mejor que podía hacer era ayudar a Luis Felipe a deshacerse de él y sustituirlo por Guizot. Efectivamente, el rey de Francia aprovechó el reflujo de este desplazamiento de la opinión para deshacerse de Thiers en octubre de 1840 y entregar el poder a un gobierno con Soult y Guizot. Comenzaba así la etapa de predominio total de Guizot, que sería ministro de Asuntos Exteriores en un gobierno largo que duró hasta 1847, y después presidente del gobierno, dirigiendo la política durante todo este tiempo. Guizot era un doctrinario del que no se conocían otras pasiones que el poder y su relación con la princesa Dorothea de Lieven, que se convirtió en su fiel compañera.

Con su pragmatismo, Guizot aportó una larga etapa de tranquilidad en la que la política parecía haber pasado a un segundo plano. Un periodista decía: «El espíritu político ha muerto en este país por muchos años. Aquí no se piensa en otra cosa que en enriquecerse y construir ferrocarriles». El «sistema Guizot», mantenido con el acuerdo del rey y sostenido por una mayoría parlamentaria, brindó unos años de estabilidad, que duraron hasta que la crisis económica agitó de nuevo a una sociedad en la que la oposición a la monarquía había quedado silenciada por la represión y en la que la prensa estaba ahogada por las persecuciones y las multas, pero en la que la voluntad de cambio seguía viva.[13]

La invención de la revolución burguesa

Era evidente que la consolidación del nuevo orden social no podía llevarse a cabo con una simple restauración del pasado, sino que necesitaba de una combinación de reacción y reforma, como había asegurado Friedrich Gentz. Pero a los dirigentes europeos les costó más de treinta años llegar a comprender que para protegerse contra el retorno de la amenaza de 1789 era preciso desarrollar y asentar «la revolución de nuestros días» en estrecha alianza con la burguesía. Como diría Thiers en 1831,

> no hay duda de que el pueblo está naturalmente predispuesto a rebelarse contra los gobiernos; pero para que se atreva a llevarlo a la práctica, es necesario que la clase media le dé la señal de lucha, y eso hace que la suerte de todos los gobiernos dependa de esta clase.

El concepto de la «revolución burguesa» se ha utilizado tradicionalmente para designar la pugna entre los grupos sociales vinculados a las actividades económicas del comercio y la industria y el predominio del feudalismo, que obstaculizaba su pleno desarrollo. En este sentido se interpreta el enfrentamiento de las ciudades italianas medievales contra la nobleza, que dio lugar al nacimiento de una serie de repúblicas urbanas y a una sucesión de movimientos posteriores, especialmente la *glorious revolution* inglesa del siglo XVII, que creó un sistema que favorecía el crecimiento del gran comercio exterior y asentó las bases para el desarrollo industrial posterior.[14] En la medida en que la burguesía obtenía beneficios oponiéndose a las limitaciones a la libertad impuestas por el feudalismo, habitualmente con el respaldo de las clases populares, sin cuya fuerza difícilmente habría podido ganar sus batallas, sus triunfos se asociaban al progreso de las libertades democráticas. Cada etapa de su avance, dirán Marx y Engels en el *Manifiesto comunista*, «ha ido acompañada del correspondiente progreso político», y añadirían: «La burguesía ha tenido un papel extremadamente revolucionario en la historia». Esta interpretación de la historia había nacido precisamente de la burguesía francesa, que asumió su existencia como clase en la segunda mitad del siglo xviii. En la *Encyclopédie* el burgués todavía no es más que el habitante de la ciudad, pero la edición de 1788 del *Diccionario de la Academia Francesa* incluye una acepción que identifica *bourgeois* con «patrón» y dice: «Los obreros, refiriéndose a aquel para quien trabajan, acostumbran a decir *el burgués*, sea cual fuere la cualidad de las personas que les dan trabajo. En este sentido dicen: "Hay que servir al burgués. No hay que engañar al burgués"». Esta definición se verá enriquecida y desarrollada en la edición de 1798, que añadirá: «En los distintos oficios, los trabajadores llaman *su burgués* al maestro para el que trabajan».[15]

La burguesía desempeñó un papel importante en el conjunto de movimientos que identificamos globalmente como Revolución francesa, pero hubo en ella otras dinámicas con objetivos diferentes, como se pone de manifiesto en el caso de los campesinos, que luchaban por sus propios intereses, contrapuestos en muchas ocasiones a los de los terratenientes burgueses, y que tuvieron una parte muy destacada en los avances globales conseguidos.[16] Sin embargo, una vez terminada la revolución, la burguesía ha simplificado la historia y se ha erigido en protagonista. Su relato presenta la etapa histórica anterior como la época de dominio del feudalismo, derrotado finalmente por los esfuerzos de la burguesía en beneficio del conjunto de la sociedad, que iniciaría así una nueva etapa de progreso. Esta visión del burgués revolucionario la reivindicaría Paul-Louis Roederer en *L'esprit de la révolution de 1789*. Desde sus propios orígenes, sostiene, la resistencia al orden feudal ha sido obra de la burguesía.

> No son esclavos sometidos por la conquista, ni siervos huidos de las cadenas del feudalismo los que han iniciado esta revolución. Son [...] hom-

bres libres y propietarios, son los burgueses de las villas y burgos, hartos de las vejaciones de los nobles y de los señores, pero no cargados de cadenas.

El mito del burgués revolucionario que habría sido el motor del progreso de la humanidad ocultaba que la nueva sociedad burguesa, que había acabado con las distinciones entre los hombres por motivos de nacimiento, se basaba en otra estratificación, la de la propiedad y la riqueza, que reservaba la gestión política, empezando por el derecho a voto, a quienes disponían de un cierto nivel de riqueza. Reinterpretando la historia de la Revolución francesa como obra suya, construirían la genealogía que les justificaba como clase, tal y como proclamó François Guizot* en sus memorias:

> Soy de aquellos que el impulso de 1789 ha elevado y que no aceptarían volver a descender. [...] Nacido burgués y protestante, estoy profundamente dedicado a la libertad de conciencia, a la igualdad ante la ley y a todas estas grandes conquistas de nuestro orden social.[17]

Estos burgueses vivieron en paz en una Francia de la restauración monárquica que respetó algunos de los beneficios fundamentales que habían conseguido con la revolución, integrados en una capa de «notables» en la que irían adquiriendo peso hasta su primer triunfo en la revolución de 1830. El proceso triunfó aquí, con revolución, igual que lo hizo, sin revolución, en Inglaterra, porque la consolidación de un sistema político basado en la representación de la propiedad convenía tanto a la aristocracia como a la burguesía.[18] Por esta razón se movilizaron en París los líderes de la burguesía en julio de 1830, cuando parecía que una revuelta popular —que ya hemos visto que no era una revuelta de los «pobres», sino sobre todo de los trabajadores de oficio y menestrales— podía poner en peligro el sistema y amenazar la estabilidad de la propiedad. No querían seguir cambiando la sociedad, como lo ha-

* François Guizot (1787-1874), hijo de un protestante guillotinado por la revolución acusado de colaborar con los girondinos, fue, además de protagonista político de su época, el gran teorizador de la historia de la revolución burguesa con su estudio de la revolución inglesa del siglo XVII y, sobre todo, con la gran síntesis que compuso, *Histoire générale de la civilisation en Europe* (1828).

bían hecho cuando luchaban por sus derechos contra la monarquía absoluta, sino asegurar la consolidación del orden posrevolucionario contra los que aspiraban a ir más lejos.

Los doctrinarios no veían la revolución de 1830 como una ruptura, sino como la culminación del proyecto de monarquía constitucional de 1814, cuyo fracaso atribuían a la intransigencia de los ultras. Estos liberales que expresaban sus ideas políticas a través de la historia —por obra de tres historiadores y políticos como Guizot, Thiers y Thierry— fueron los actores intelectuales del nuevo régimen de liberalismo doctrinario que surgió de los acontecimientos de 1830. Una revolución que ellos mismos consideraban una victoria propia: «Guizot y Thiers participaron en los tratos que escamotearon el triunfo de la revolución en favor del duque de Orleans; Guizot fue uno de los autores de la carta revisada». Thierry, por su parte, decía en 1840 que la monarquía de julio era «la lógica conclusión de la historia política de Francia».[19]

Pese a asumir la representación colectiva del tercer estado, tenían claro que no todos los hombres del «tercer estado» eran igualmente merecedores de obtener la «ciudadanía», sino que esta debía reservarse para aquellos que, al tener un nivel suficiente de propiedades, estaban mucho más interesados en la conservación del orden social. La sociedad que querían establecer no tenía ninguna pretensión de igualitarismo; las constituciones podían hablar de derechos universales, pero las leyes que las interpretaban solo concedían algunos de los fundamentales, como el derecho de voto, a los propietarios. En la discusión de la Constitución española de 1837, un patriarca del liberalismo como Argüelles dirá:

> Todo vecino que en España va, por ejemplo, a la guerra, hace el servicio de las armas, contribuye directa o indirectamente con el fruto de su trabajo, con el sudor de su rostro ¿cree [...] nadie que esto sea un título suficiente para que se le entregue el uso de un derecho como éste [el de votar]? Estoy seguro que no.

Las diferencias en temas de capital importancia como el derecho al voto no las marcaba la Constitución, que proclamaba solemnemente los derechos colectivos, sino la ley electoral, que fijaba las reglas, desmintiendo la pretensión de universalidad.

Inglaterra se ahorró la lucha por estos cambios porque ya había llevado a cabo su revolución burguesa ciento cincuenta años antes, a partir de la *glorious revolution* de 1688.* Fue entonces cuando se construyó un sistema parlamentario que, aun no siendo democrático, sí era representativo de los intereses dominantes y se asentaba en la alianza de los terratenientes y de los grandes comerciantes que negociaban con ultramar. Este sistema controlaba una hacienda centralizada y permitía garantizar la deuda pública, condiciones esenciales para asegurar el crecimiento económico. Sin embargo, a diferencia de la mayoría de países europeos, la nación inglesa se construyó sin tener en cuenta la mayor parte de sus habitantes. El Estado disponía de una hacienda centralizada, regida por funcionarios y con cuentas controladas, pero una buena parte de la administración estaba en manos de los jueces de paz, nombrados por la corona entre los terratenientes locales, que tenían la capacidad de juzgar delitos considerados no capitales, regular las ferias, los precios y los salarios, ocuparse de los caminos y los puentes, conceder permisos para abrir tabernas, etc. Eran los auténticos gobernantes locales, excepto en las ciudades, donde normalmente era el alcalde electo el que realizaba las funciones judiciales.

La educación, la atención a los pobres, el mantenimiento de los caminos, etc., todo recaía sobre las autoridades locales, y en buena medida también sobre la parroquia, no sobre el Estado, cuyas funciones eran la guerra, la hacienda que hacía posible la guerra y la imposición de las normas globales que convenían al desarrollo del capitalismo. A esta situación iba emparejado un gran desorden interior. Mientras que los franceses empezaron con Napoleón a organizar una policía encargada del mantenimiento del orden público, los ingleses intentaron conservar durante mucho tiempo el viejo sistema represivo, más barato y, al parecer, más respetuoso con la libertad privada. El primer cuerpo

* Muchos años después, tras la Segunda Guerra Mundial, en el marco de la batalla ideológica que desencadenó el tema de la «revolución burguesa» en el marxismo británico, Christopher Hill denunciaba que en la Inglaterra de la segunda mitad del siglo XVII, que a partir de Guizot se había caracterizado como el escenario de la primera gran revolución burguesa, en realidad había habido dos revoluciones: la burguesa que había otorgado el triunfo político a los propietarios y a los grandes comerciantes, y otra, que no triunfó, pero que podía «haber establecido la propiedad comunal y una democracia mucho más amplia en las instituciones políticas y jurídicas».

policial en la ciudad de Londres no se crearía hasta 1829, por obra de Robert Peel. El complemento de este sistema era una justicia feroz, practicada con fines educativos, con numerosas condenas a muerte y muchos perdones (generalmente entre un 50 y un 60 %), aunque durante los quince años más duros, desde 1776 a 1790, fueron ahorcadas, solamente en Londres y en su entrono más inmediato, casi setecientas personas.

Esto es precisamente lo que explica que las repercusiones de las revoluciones de 1830 en Gran Bretaña se limitaran a una medida de alcance tan limitado cono la reforma electoral de 1832, que mantenía al margen del voto a la inmensa mayoría de la población.[20] Calificar de «revolucionarias» las transformaciones introducidas en los estados «liberales» por parte de la burguesía triunfante debe hacerse con muchos reparos y matices. Francisco Comín, al examinar el caso de España a través de hacienda, es decir, de la obtención de recursos para el funcionamiento del Estado, esboza un cuadro ejemplar que muestra cómo «una burguesía nada revolucionaria», enfrentada a los gastos de un Estado que había tenido que asumir las cargas del ejército profesional, incrementadas por las revueltas internas, eludió su parte en la tributación y condenó al país a un endeudamiento que «creó las bases del fracaso de la revolución industrial y de la inestabilidad social y política de la España del siglo XIX».[21]

Cabe recordar, por otro lado, que todo eso se llevó a cabo en nombre de todos en votaciones de escasa representatividad. Hacia 1840, los países europeos en los que podía votar una mayor proporción de la población, de un 7 a un 8 %, eran Suecia y Noruega. En Francia, concretamente, se había establecido una pirámide escalonada con «56.000 elegibles designados por 250.000 electores, que son, a su vez, la "élite" de 2.800.000 electores municipales que [a su vez] no representan más que a un francés de cada cinco».[22] Lo más extraordinario es que la burguesía alcanzó el cénit del éxito al convencer a las capas populares de que estas revoluciones, destinadas a conservar el monopolio de los derechos políticos para los propietarios, y utilizarlos para preservar sus privilegios, se hacían en beneficio de la libertad de todos. La forma en que se ejecutó el fraude se puede ilustrar mediante el uso que se ha hecho de la representación pictórica de la revolución de 1830, *La libertad guiando al pueblo*, de Eugène Delacroix, convertida en la más famosa y la más reproducida de las imágenes relativas las revoluciones burguesas del siglo XIX. Esta representación, que muestra a «melancólicos jóvenes barbudos con sombreros de copa, obreros en mangas de camisa, tribunos del pueblo con las cabelleras flotando bajo las alas de los sombreros, rodeados de banderas tricolores» y de símbolos republicanos, guiados por la libertad, identificada con una mujer del pueblo que los empuja por encima de las barricadas, solo contiene un personaje que pueda ser reconocido como burgués por su atuendo. El fraude consiste en que la pintura no representa la revolución de 1830, como se suele afirmar, sino solamente un momento de la misma, hecho que se nos oculta cuando no se especifica que el verdadero título es: «el 28 de julio». Efectivamente, la pintura refleja el momento en que la revuelta popular convenció a la burguesía de que había que intervenir para reconducir el movimiento hacia la dirección en la que pocos días después, en el último de los «tres días gloriosos», condujo al establecimiento de una nueva monarquía con la que, como decía Laffitte, se iniciaba el «reinado de los banqueros». Este cuadro fue adquirido por el nuevo rey, Luis Felipe, pero no se exhibió durante mucho tiempo, puesto que resultaba subversivo. Delacroix, que al parecer era hijo natural de Talleyrand, no volvió a mostrar, por su parte, tendencias revolucionarias. Cuando se produjo una nueva revolución, y mucho más seria, en 1848, se mantuvo al margen. Como asegura el editor de sus diarios, al maestro «no le gustaba el desorden político».[23]

Capítulo 6

CAPITALISMO: EL GRAN SALTO HACIA ADELANTE

Para comprender correctamente el desarrollo económico de la Europa occidental durante estos años hemos de desviar la atención de las pugnas políticas internas para ampliar nuestra mirada, en el tiempo y en el espacio, y abarcar el papel fundamental que ha tenido, en este proceso europeo, el dominio y la colonización del resto del mundo por parte de las grandes potencias capitalistas.

Una nueva pauta de comercio internacional

Con el triunfo de Gran Bretaña en la gran guerra contra la Francia napoleónica se consolidó una nueva división internacional del comercio que marcó la evolución global de la economía mundial en la primera mitad del siglo XIX, como consecuencia del aumento de la producción de materias primas en la periferia «colonial», que permitió satisfacer la creciente demanda de azúcar, café y té de las sociedades europeas, y especialmente la de fibra de algodón, que fue un elemento esencial para el desarrollo de la industrialización. Todo este proceso de crecimiento estuvo indisolublemente ligado al aumento de la esclavitud, que culminó en los siglos XVIII y XIX, durante los cuales salieron de África 13 millones de esclavos adquiridos por compradores blancos, cristianos y civilizados. Los estudios realizados en estos últimos años han revalorizado la vieja tesis de Eric Williams sobre capitalismo y esclavitud. Los costes en términos de vidas humanas derivados del tráfico transatlántico de seres humanos fueron brutales: millones de africanos perdieron la vida en las costas de África, durante el viaje en los barcos negreros o en los primeros años de su incorporación al trabajo en América.*

Aunque la captura de esclavos la realizaban los propios africanos, que son tan responsables como los europeos, el mayor negocio lo hicieron los compradores: en primer lugar los traficantes (el precio por «pieza» llegaba a multiplicarse por diez al otro lado del océano), pero también los plantadores e incluso los consumidores que, gracias al comercio transatlántico de esclavos, podían tener azúcar, algodón, café y tabaco a buen precio.

Por otro lado, una parte de los esclavos se pagaba en cauris, unas conchas de *Cypraea moneta* que se recogían y elaboraban en las islas Maldivas, en el Índico, donde los nativos sabían cómo conseguir que la pechina conservase todos sus colores y su valor decorativo. El cauri fue utilizado en algún momento como moneda desde el África occidental hasta China, pero en los siglos XVIII y XIX su circulación había quedado reducida a una zona que se extendía desde los territorios indios de Bengala hasta el África occidental, donde servía de moneda para pequeñas transacciones en los mercados locales, donde las monedas metálicas europeas no resultaban adecuadas (la más pequeña de estas monedas metálicas inglesas, el *farthing* o cuarto de penique, valía de 25 a 32 cauris, mientras que una libra de arroz se vendía en Bengala por 15 cauris). El comercio de estos cauris acabó en manos de los ingleses en la segunda mitad del siglo XVIII. Los compraban en la India, los llevaban como lastre en las embarcaciones de retorno a Inglaterra y los volvían a embarcar cuando salían rumbo al golfo de Guinea para comprar esclavos. Se calcula que en el transcurso del siglo XVIII, el oeste africano importó cauris, que se utilizaban en el tráfico local de sus mercados interiores, por valor de unos 26 millones de libras esterlinas. Al finalizar el tráfico de esclavos se siguió pagando con cauris el aceite de coco —el gran lubricante de la revolución industrial que servía para engrasar las máquinas y para fabricar el jabón con el que se lavaban los obreros—, pero los ingleses reemplazaron los de las islas

* «De 1700 a 1708 —afirma Rediker— unos 500.000 murieron durante el camino que los conducía a la costa, 400.000 a bordo de los barcos y más o menos un cuarto de millón después de su llegada a destino.»

Maldivas, que eran más caros, por otro molusco, la *Cypraea annulus* de la zona de Zanzíbar y Madagascar, que se podía obtener a un precio mucho más bajo. Inundaron África con esta clase de cauris más baratos y provocaron una gran inflación que contribuyó a su liquidación y sustitución por la moneda metálica, sobre todo a partir del momento en que los colonizadores exigieron que se pagasen los impuestos en moneda metálica acuñada por ellos. Esta gran desmonetización arrebató a los africanos una parte de lo que habían recibido por el comercio de esclavos.[1]

El caso del té

El té se integró en este esquema al contribuir al aumento de la demanda de azúcar. El comercio con China, que era el único proveedor de té, era un monopolio de la Compañía de las Indias, pero su importancia hizo que desde 1820 los comerciantes privados aumentasen su participación, hasta que la Compañía perdió su monopolio en 1833. El problema residía en que a China, en contra de las expectativas de los británicos, no le interesaban sus mercancías industriales y solo querían vender té a cambio de plata. Los comerciantes británicos descubrieron entonces que la alternativa era llevar clandestinamente opio, que se producía en Bengala, pese a que el gobierno chino prohibía severamente su importación. La oposición a la continuidad de este tráfico, al que atribuían la considerable salida de plata de China que se estaba produciendo en aquellos años, frustró las esperanzas de los comerciantes británicos, que lo consideraban una muestra de la barbarie de un pueblo retrasado que se oponía a la expansión del libre comercio. En aquellos momentos, además, la cantidad de té que se consumía en Gran Bretaña había llegado a tales niveles que el Estado percibía 40 millones de libras esterlinas anuales en impuestos.

La solución ideal habría sido lograr producir té en un territorio controlado por los británicos, pero mientras esto llegaba, la presión sobre el mercado chino, el único proveedor disponible, se endureció hasta conducir a la Primera Guerra del Opio (1840-1842), de la que hablaremos más adelante. Los ingleses habían descubierto en pocos años la existencia de plantas de té silvestres en el territorio de Assam, al noroeste de la India, en las inmediaciones del valle del Brahmaputra, y pensaron que se podría organizar el cultivo a gran escala, utilizando como mano de obra a los tejedores de Bengala arruinados por la competencia de Mánchester. El primer paso consistió en asegurar militarmente el dominio sobre el territorio, y después la Compañía de las Indias empezó a organizar el cultivo, para cederlo posteriormente a plantadores privados.*

Pero aún tardaría en llegar la hora de este té, al que se unirían el producido en Ceilán o en Java. Si en 1835 los ingleses importaban 44 millones de libras de té procedente de China, en 1856 la cifra se había elevado a 86 millones. El consumo a gran escala de los tés de India y Ceilán no se produjo hasta finales del siglo XIX.[2]

La segunda esclavitud

El auge de la esclavitud a finales del siglo XVIII y en la primera mitad del XIX no se puede interpretar como una continuidad del pasado, sino que se trata de un fenómeno nuevo, que Dale Tomich ha denominado «la segunda esclavitud», indisolublemente vinculado al ascenso del capitalismo.[3]

Una de las más grandes mentiras de la historia oficial del capitalismo es aquella que le atribuye un papel central en la lucha por el abolicionismo, cuando la realidad es que el progreso de la industrialización habría sido imposible sin los esclavos. La *Act for the Abolition of the Slave Trade* inglesa de 1807, que prohibía el comercio de esclavos, tuvo pocos efectos, porque se estuvo debatiendo largo y tendido y los traficantes tuvieron tiempo para prepararse. Siguieron comerciando en

* Dado que los trabajadores locales exigían sueldos elevados, los plantadores decidieron introducir mano de obra de fuera, que aceptaba las condiciones miserables que les garantizaban sus beneficios. Desde 1860 a 1947, unos tres millones de trabajadores fueron transportados desde otros lugares de la India a las plantaciones de Assam, y el cultivo del té fue realizado finalmente por trabajadores sometidos a condiciones casi serviles o por culis. Una ley de 1865 del gobierno de Bengala permitía a los plantadores arrestar y someter a duros castigos a los trabajadores que abandonasen la plantación.

barcos construidos en Inglaterra, pero que navegaban con bandera española o portuguesa (el buque esclavista Hermes se convirtió así en el Gerona), y continuaron negociando con compañías contratadas en Inglaterra con financiación de bancos ingleses. Otro tanto puede decirse de la prohibición del comercio de esclavos suscrita en el Congreso de Viena. La realidad es que entre 1801 y 1850 desembarcaron en América más de 3,5 millones de esclavos africanos.

Pese a patrocinar públicamente el abolicionismo, Inglaterra no prohibió la esclavitud en su territorio y en sus colonias hasta julio de 1833, aunque en estas últimas solo se liberaba a los esclavos menores de seis años, mientras que los demás quedaban como «aprendices» hasta ser definitivamente puestos en libertad en dos etapas: en 1838 y 1840. Los propietarios recibieron además una indemnización de 40 millones de libras esterlinas, que salieron de la deuda del Estado. Prueba del escaso entusiasmo del gobierno inglés por la abolición es el siguiente texto, extraído de una carta de lord Melbourne, que fue ministro del Interior y jefe de gobierno durante los años de la abolición, dirigida al arzobispo Whately:

> ¿Qué pensáis que habría hecho yo en este asunto de la esclavitud si lo hubiera resuelto a mi manera? ¡No habría hecho nada! ¡Todo esto es un embrollo sin ningún sentido! Siempre ha habido esclavos, en todos los países más civilizados; los griegos y los romanos tenían esclavos. Han querido hacer realidad su fantasía, de manera que hemos abolido la esclavitud; pero es una gran locura.[4]

En la India, que quedó bajo el control de la East India Company hasta que el motín de 1857 forzó su nacionalización por parte del gobierno británico, la esclavitud se mantuvo sin crear demasiadas preocupaciones a los ingleses, que con la promoción del abolicionismo habían conseguido el objetivo de desplazar la condena del colonizador al colonizado, reforzando así la imagen del imperialismo como misión civilizadora.[5]

Apenas resuelto el problema de la abolición de la esclavitud, el gobierno de lord Melbourne se vio enfrentado a un nuevo conflicto. Las autoridades chinas, que prohibían el tráfico del opio, confiscaron una gran cantidad de droga que los comerciantes ingleses querían introducir en Guangzhou (Cantón) y se negaron a atender la petición de los comerciantes, que exigían que les fueran abonados dos millones de libras, cifra a la que estimaban que ascendían sus pérdidas. La alternativa era que el gobierno británico los compensase, pero lord Melbourne, que ya había tenido que endeudarse para pagar las indemnizaciones de la abolición de la esclavitud, no estaba dispuesto a claudicar y Palmerston pensó que la solución podía ser una pequeña operación naval que desbaratase el tráfico chino. Pese a la amplia condena popular, que incluía a los cartistas, y a la dura oposición de los *tories* en la Cámara de los Comunes, la guerra se aprobó por 271 votos contra 262, y los lores también la aceptaron.

A principios de junio de 1840, una flota con 17 embarcaciones de guerra, cuatro buques de vapor y veintisiete de transporte con mil soldados británicos e indios se presentó frente a Hong Kong. Mientras una parte de la flota bloqueaba Guangzhou, el resto se dirigía hacia el norte, atacando y ocupando los puertos. Palmerston no se contentaba ya con la compensación a los comerciantes, sino que exigía la cesión de territorios en la costa y la libertad de comercio con el interior. Después de una serie de acciones y numerosas víctimas militares y civiles chinas, el emperador Daoguang se vio obligado a firmar el 29 de agosto de 1842 el Tratado de Nanking, que cedía a los ingleses la isla de Hong Kong y les daba facilidades para comerciar en cinco puertos (unos privilegios que aumentarían tras una Segunda Guerra del Opio en 1856-1860).[6]

En Francia, la monarquía restaurada aceptó la prohibición del «comercio de negros» que había dictado el Congreso de Viena, mientras trataba de recuperar la explotación esclavista en las colonias africanas. Con este propósito se envió en 1816 a Senegal, que como ya hemos visto más arriba había sido el centro de la actividad francesa en el África occidental durante el siglo XVIII, una expedición naval que acabó con el dramático hundimiento de La Méduse inmortalizado pictóricamente tres años después por Théodore Géricault. Por otro lado, se toleraba una reactivación del comercio ilegal, que entre 1815 y 1840 se desarrolló principalmente en torno a Nantes: una etapa durante la que se han podido documentar 729 expediciones ilegales, en un tráfico que fue disminuyendo a partir de 1836-1840, en función de la caída de los precios del azúcar. En 1848 se decretó finalmente la abolición de la esclavitud, extensiva en teoría a las colonias francesas, pero en realidad se mantuvo el trabajo forzado en algunas colonias africanas hasta comienzos del siglo XX.[7] En honor a la verdad, podría decirse que fueron los propios esclavos los que se liberaron, puesto que es evidente que una de las razones fundamentales del fin del comercio, primero, y de la liberación, después, fue el temor a la resistencia que podían oponer las grandes masas de esclavos reunidas en las plantaciones.

Las revueltas que desembocaban en la creación de «quilombos» o colonias de esclavos fugitivos («cimarrones») están presentes a lo largo de toda la historia de la esclavitud, pero el aumento de la población esclava en el Caribe, combinado con la difusión de las ideas de la Ilustración, reforzó la voluntad combativa de los esclavos, como se puso de manifiesto en la insurrección de Haití de 1791. Allí se consiguió la libertad tras una prolongada lucha que se saldó con la muerte de miles de colonos franceses y de gran parte de los 44.000 soldados que Napoleón envió en 1802 en un fallido intento de reconquista. El hecho de que la isla dejase de producir azúcar y algodón para la exportación fue, por otro lado, uno de los estímulos iniciales del incremento de la producción azucarera en Cuba y, sobre todo, de la de algodón en los Estados Unidos.

Si la revuelta de Haití fue uno de los motivos que explican la abolición proclamada por los revolucionarios franceses en 1794, la de Jamaica en 1831, que se liquidó con 312 ejecuciones, dictadas más por venganza que por justicia, lo fue de la abolición de todos los territorios del Imperio británico, aprobada por los ingleses en 1833.[8] No obstante, la esclavitud no se abolió en los Estados Unidos hasta 1865, en Cuba hasta 1886 y en Brasil hasta 1888, al término de un siglo de hipocresía en el que la sociedad europea predicaba el abolicionismo, pero obtenía beneficios de la esclavitud para su progreso económico.*

Cuba y el auge de la producción azucarera

El comercio transatlántico de esclavos se mantuvo en el siglo XIX para proveer las necesidades de la producción de azúcar de Cuba y de

* Un informe presentado en la ONU en 2017 calculaba que todavía existían 40,3 millones de esclavos en el mundo: 24,9 millones realizando trabajos forzados y 15,4 millones en matrimonios forzados.

café de Brasil, atendiendo a la demanda de unas economías en plena prosperidad, tal como revela el hecho de que desde 1820 a 1860 se duplicase el valor de las exportaciones de productos procedentes de la esclavitud. Cuba era, inicialmente, productora de tabaco y de café, pero el fin, de resultas de la revolución de 1791, de la producción de azúcar en Haití, que era en aquellos momentos la más importante del mundo, combinada después con el estancamiento del Caribe, convirtió a Cuba en el primer productor mundial, llegando en 1868 a suministrar el 30% de consumo mundial. La consecuencia lógica fue el aumento de la población esclava. En 1817, con la prohibición del comercio transatlántico de esclavos, había en la isla unos 200.000 que en 1841 se incrementaron hasta 450.000, procedentes principalmente de compras (Juan Pérez de la Riva calcula que entre 1820 y 1873 se introdujeron clandestinamente en la isla más de medio millón de esclavos), ya que no era rentable criarlos. «El negro que nace en la casa —decía un plantador— ha costado más, cuando puede trabajar, que el de igual edad que se compra en pública feria.» La década de 1850 a 1860 fue, en palabras de Moreno Fraginals, la del apogeo del tráfico clandestino, realizado y protegido especialmente por los Estados Unidos.

Los esclavos de los ingenios azucareros cubanos trabajaban unas veinte horas diarias, ya que se consideraba que con cuatro horas de sueño ya tenían suficiente. Sin embargo, a consecuencia de las frecuentes mutilaciones causadas al engancharse los brazos en el trapiche por falta de descanso, y pese al uso del látigo como despertador, el propietario de un ingenio optó por dejarlos dormir seis horas. Esta decisión fue anunciada públicamente como un «filantrópico sistema de benéficos resultados». Cuba era una colonia muy especial, donde por aquel entonces el poder estaba realmente en manos de la oligarquía de los plantadores: la «sacarocracia», como dicen los cubanos. Y no es de extrañar si tenemos en cuenta que entre ellos había personajes importantes de la política española del momento,* incluida la antigua regen-

* Como Gonzalo O'Farrill, ministro de José I, y un nutrido grupo de generales que tuvieron papeles clave en la historia de aquellos años: Eguía, Zayas (que restableció el absolutismo en Madrid en 1814), Quesada (que fue el ejecutor de Mariana Pineda y de Torrijos), Zarco del Valle, etc.

te, María Cristina, y su marido, el duque de Riánsares. Podría decirse que, de alguna manera, los propietarios de ingenios gobernaban Cuba y se ocupaban sobre todo de mantener el orden social. En la isla se pasó en 1824 del constitucionalismo al absolutismo sin la menor alteración del orden público, «a pesar de las tentativas de algunos hijos desnaturalizados, que no conocen el riesgo que corremos todos los blancos entre la multitud de gentes de color que nos rodea».

Sin embargo, las otras potencias esclavistas del Caribe desconfiaban de la capacidad de España en cuanto a mantener el orden en la isla. En 1825, el embajador norteamericano en San Petersburgo pidió audiencia al ministro de Asuntos Exteriores ruso para comunicarle de parte del presidente Monroe, que su gobierno

> mira con el mayor interés la conservación de las islas de Cuba y Puerto Rico para la España, adelantándose a proponer a S.M. Imperial que escite a Su Majestad Católica —es decir, al rey de España— a solicitar de la Santa Alianza la garantía de las indicadas islas, aunque sea poniendo en ellas guarnición estrangera.

Cinco años después, en marzo de 1830, el embajador inglés advertía al gobierno español que debía frenar los intentos de recuperación de las colonias americanas emancipadas, como la desgraciada expedición Barradas a Tampico de 1829, porque el gobierno británico

> no podría con justicia intervenir por más tiempo con los de México y Colombia para que no atacasen a las posesiones españolas, si no interviene igualmente para que la España no ataque a los dominios de aquellas potencias, y que si aquellos consiguiesen extender entre los negros de Cuba y Puerto Rico el espíritu de insurrección y rebeldía, sería imposible que la Gran Bretaña, la Francia y los Estados Unidos dexasen de tomar parte activa en este negocio para salvar a sus propias colonias del inminente peligro que correrían.[9]

El marco internacional cambió a partir de 1833, con la abolición de la esclavitud en las colonias inglesas del Caribe. El temor a que los abolicionistas británicos quisieran subvertir las sociedades esclavistas de las demás potencias se extendió tanto a Cuba como a los Estados Unidos. Cuando se iniciaron en Cuba una serie de resistencias y protestas, que llegaron a su punto álgido en 1843, en una secuencia que comenzó con la revuelta de los 254 negros de la dotación del ingenio Alcancía, que mataron al capataz y a otros de sus opresores, y se extendió después a otros ingenios, el capitán general, Leopoldo O'Donnell, recibió ofrecimientos de ayuda militar por parte de los Estados Unidos, que no le fueron necesarios para aplastar las insurrecciones por las armas, con exhibición final de las cabezas de los dirigentes en la vía pública.

La consecuencia fue un endurecimiento de la represión que le valió a 1844 el calificativo de «año del cuero», es decir, del látigo, y condujo a la invención de la «conspiración de la escalera», en la que el miedo a que pudiese repetirse una matanza como la de Haití en 1791 se utilizó como pretexto para procesar a cuatro mil personas, no solo a esclavos, sino también a blancos abolicionistas y mestizos libres. El resultado fue la ejecución de 93 acusados —entre ellos el gran poeta negro Gabriel de la Concepción, Plácido—, el encarcelamiento de seiscientos y la deportación de unos cuatrocientos, sin contar los trescientos que se calcula que murieron a consecuencia de las torturas (el nombre de «la escalera» tiene su origen en el hecho de que todo sospechoso de color, esclavo o libre, era atado en lo alto de una escalera con el cuerpo colgando para poder azotarlo mientras era interrogado). El objetivo era eliminar el riesgo del nacimiento de una pequeña burguesía de negros y mulatos libres, puesto que existía el temor de que este núcleo de profesionales emancipados se convirtiese en el motor de un futuro movimiento abolicionista.

Cuando la provisión de esclavos se fue haciendo cada vez más difícil, se intentó reemplazarlos por culis* chinos contratados en condiciones similares a la esclavitud. Entre 1848 y 1874 embarcaron hacia

* Los culis, a los que ya hemos hecho referencia al hablar del cultivo del té en la India, eran trabajadores contratados a quienes se les había adelantado el precio del viaje, aunque lo habitual era que apenas percibiesen sueldo. Al no ser esclavos, los gobiernos no podían perseguir legalmente su comercio, el llamado «comercio de cerdos», que se efectuaba en condiciones similares al de los esclavos. Una comisión china enviada a Cuba en 1873 descubrió que ocho de cada diez culis entrevistados declaraban haber sido engañados o secuestrados, y que, una vez en Cuba, eran vendidos como esclavos.

Cuba unos 150.000 culis, de los que aproximadamente 16.000 murieron en unas travesías que duraban cinco meses y que eran casi tan horribles como las de los negreros africanos del Atlántico. Cuando desembarcaban en La Habana, la embarcación se cargaba de azúcar y miel con destino a Nueva York o a Europa, de donde partían de nuevo rumbo a China con una carga de armas, ferretería y tejidos europeos.

La tarea principal de la economía azucarera no era la recolección de la caña, sino la transformación que la convertía en azúcar, que finalmente era exportado. En este campo, la introducción de una tecnología avanzada, incluido el uso del vapor —los primeros ferrocarriles del territorio español se contruyeron en Cuba para cubrir las necesidades de los ingenios—, propició el crecimiento de la producción incluso cuando la capacidad de progreso de la recolección empezaba a estancarse.[10]

Al mismo tiempo que Cuba, el otro gran motor de la demanda esclavista, cuantitativamente más grande, fue Brasil, que entre 1801 y 1850 recibió más de dos millones de esclavos —que podían transportarse más fácilmente desde el continente africano y que, por este mismo motivo, eran más baratos que los que se enviaban al Caribe— destinados a cubrir el aumento de una producción de café que llegó a abastecer el 80% de la demanda mundial. Aquí, a diferencia de Cuba, la tecnología no fue tan decisiva en la producción, pero sí favoreció la comercialización de las enormes *fazendas* cafeteras, como la de los hermanos Vizconde de Sao Clemente y Barón de Nova Friburgo, que contaban con unos dos mil esclavos y tenían ferrocarril y red telegráfica propia. En contrapartida, la estabilidad de las poblaciones esclavas en Brasil se vio afectada por unas condiciones de vida precarias: el útimo censo realizado en 1872 contabilizaba 1,5 millones de esclavos, todo cuanto quedaba de los 4,8 millones importados entre 1630 y 1850. No hay que olvidar tampoco lo que implicaron las frecuentes revueltas y la huida con la intención de instalar «quilombos» en la selva.[11]

El auge de la esclavitud capitalista: el imperio norteamericano del algodón

Uno de los principales estímulos de todo este sistema fue el crecimiento de la economía escalvista de los Estados Unidos, donde las plantaciones de algodón eran independientes del tráfico transatlántico de mano de obra africana, porque tenían asegurado el abastecimiento de brazos debido a una situación única, en aquel escenario, que hacía innecesaria la importación: en su población servil, los nacimientos eran superiores a las defunciones. Se calcula que en 1808, al abolirse el tráfico transatlántico, los Estados Unidos habían importado un total de 475.000 esclavos africanos, y que en 1865, fecha de la abolición, su población esclava se había multiplicado por diez (en unos momentos en que su valor era casi tres veces lo que se había invertido en la construcción de los ferrocarriles).[12] Este crecimiento demográfico se complementó con una transferencia interna de un millón de esclavos hacia las zonas productoras de algodón del sur, cuya prosperidad se había visto inicialmente potenciada por la invención en 1793 de la máquina desmotadora de Eli Whitney, que permitía separar fácilmente la fibra de las semillas, multiplicando así por cincuenta la productividad del trabajo. Como resultado, la producción y la exportación aumentaron exponencialmente. La creciente demanda de la industria algodonera inglesa solo la podía cubrir la producción de fibra norteamericana, que se incrementó gracias a la disponibilidad de los brazos de los esclavos —«la mano de obra más barata del mundo»— y a la facilidad de la extensión del cultivo de nuevas tierras arrebatadas a los indígenas, con la tolerancia y sumisión de los blancos pobres:

> Los señores del látigo —escribía Hinton Helper en 1857— no solo son los amos absolutos de los negros, sino el modelo y los árbitros de los blancos que no tienen esclavos, libres solo de nombre, que viven sumidos en un analfabetismo y degradación perpetuados deliberadamente.

Todo ello propiciado por el poder político de los plantadores, que contaron en aquella época con presidentes de la República, jueces del Tribunal Supremo y un gran número de políticos favorables de sus intereses, sobre todo en los sectores de la política exterior y la defensa, puesto que consideraban que era necesario preservar por la diplomacia, y dado el caso por las armas, este gran espacio de la civilización esclavista que abrazaban los Estados Unidos, Cuba y Brasil, contra la amenaza de la subversión abolicionista impulsada por Gran Bretaña. Estaban convencidos, y no les faltaba una parte de razón, de que lo hacía con la intención de arruinar la producción de azúcar, café y algodón de estas tierras para trasladarla a terrotorios de África o la India que estuvieran bajo su control.

Los Estados Unidos ampliaron considerablemente el territorio disponible para el cultivo del algodón con la adquisición de Luisiana en 1803 y en 1819 con la compra de Florida a los españoles. Cuando en 1835 el gobierno mexicano anunció su propósito de abolir la esclavitud, los plantadores norteamericanos que se habían instalado en territorios mexicanos se rebelaron y emprendieron una guerra para independizarse, financiada con préstamos de los empresarios de Nueva Orleans. La guerra sa saldó con la fundación de una República esclavista en Texas, que en 1845 fue absorbida por los Estados Unidos y se convirtió en un nuevo Estado. La consecuencia inmediata de esta usurpación fue la guerra mexicano-americana de 1846 a 1848, una «guerra inicua» que permitió a los Estados Unidos apoderarse de gran parte del territorio del norte de México. Los sectores antiesclavistas del norte iniciaron entonces una larga contienda para conseguir la prohibición de la esclavitud en los te rritorios de nueva adquisición. Esta batalla la empezó el congresista David Wilmot en 1846, pero la *Wilmot Proviso*, o Enmienda Wilmot, fue repetidamente derrotada en el Senado por los representantes del sur, que consiguieron que no figurase en el Tratado de Guadalupe Hidalgo de febrero de 1848, que ponía fin a la guerra. En un territorio en el que inicialmente habitaban 50.000 nativos americanos, «los esclavistas y sus aliados desposeyeron a dos imperios europeos, dos estados poscoloniales y seis naciones americanas nativas», incluido el denominado «imperio comanche», y aportaron un millón de inmigrantes forzados para crear «un subcontinente de la esclavitud».*

* Todo este asunto tenía poco que ver con el humanitarismo. Wilmot quería que los trabajadores del norte que se desplazasen a estos territorios pudieran optar a sala-

De 1800 a 1860, la «productividad» de los que recogían el algodón en estas tierras aumentó en un 400 %, sin que hubiera innovación alguna ni contribución tecnológica, a consecuencia de una brutal extracción de trabajo. En los años setenta del siglo XX, los historiadores «cliométricos» Fogel y Engerman construyeron una interpretación legitimadora de la esclavitud en los Estados Unidos, basada en su racionalidad económica, que la habría hecho más eficiente que la actividad de los trabajadores libres. Recientemente, dos economistas, Alan Olmstead y Paul Rhode, han atribuido el aumento a una mejora en la selección de las plantas. Edward Baptist, trabajando con documentos y testimonios de la época, ha desmentido estas interpretaciones y ha demostrado que la causa fundamental del aumento de la productividad, que hizo posible que los precios del algodón fueran en 1860 la cuarta parte de los de 1800, fue una nueva forma de explotación del trabajo esclavo que, al combinar el control directo con el uso acentuado de la tortura, propició un gran aumento en la cantidad «producida en los Estados Unidos [...] con un inmenso coste humano».

Todo esto fue acompañado de mejoras en la administración y la contabilidad, propias de una actividad que funcionaba principalmente mediante créditos, basados normalmente en la hipoteca, cuya garantía podían ser los esclavos: un mundo de negocio capitalista moderno, en el que lo que unía los intereses del sur con los del norte no eran solo las redes del crédito, sino que las navieras de Nueva York, que eran además los principales proveedores de esclavos africanos en Cuba, proporcionaban servicio de transporte a los plantadores del sur, los industriales del norte producían ropa para el consumo de los esclavos y las nuevas universidades se nutrían de donaciones de patronos esclavistas del sur. De este modo se estableció un inmenso territorio del algodón que transportaba la fibra por el Misisipi hasta Nueva Orleans, o que llegaba a otros puertos a través del ferrocarril. Desde 1815 hasta 1860 más de la mitad de las exportaciones de los Estados Unidos eran de fibra de algodón, de la que dependía la economía de un país que, en el tiempo transcurrido entre la Guerra de la Independencia y la Guerra

---

rios normales, sin la competencia de los esclavos. Por otro lado, en California se produjo un auténtico genocidio, patrocinado por el gobierno: de 1846 a 1873 la población indígena del nuevo Estado disminuyó de 150.000 a 30.000.

Civil, se engrandeció y enriqueció sobre la base del trabajo esclavo. En algunos estados del sur, se siguió utilizando a los negros como esclavos, encarcelándolos previamente por vagancia, hasta comienzos del siglo XX. Más adelante hablaremos de la «tercera esclavitud».

Se pone de manifiesto, pues, que la herencia de racismo que sigue patente en los Estados Unidos es consecuencia de la incapacidad colectiva de la sociedad norteamericana de asimilar lo que verdaderamente supuso la esclavitud.[13]

Capítulo 7

1848: EL TRIUNFO DE LA BURGUESÍA

Crisis económica y revolución

La tradición académica atribuye las revoluciones de 1848 a las consecuencias de una crisis económica coyuntural, con una explicación que empieza con el fracaso de las cosechas en buena parte de Europa, a partir de la plaga que afectó a la patata, convertida en un elemento fundamental de la alimentación popular. Esta catástrofe suele ilustrarse con la crisis de Irlanda, pero también se produjo, aunque de manera menos catastrófica, en otros puntos de Europa, coincidiendo además con una mala cosecha de cereales. A continuación vendría la crisis industrial y, combinando los efectos de una y otra, la revolución.

Un estudio de Berger y Spoerer, basado en el análisis cuantitativo de los datos de 27 países europeos, concluye que «fue sobre todo la miseria económica del momento, y el miedo que suscitó, el desencadenante de las revoluciones europeas de 1848», y que estos factores fueron mucho más importantes que «la fuerza de las ideas». Berger y Spoerer sostienen que la consecuencia de la crisis agraria de 1845-1847 fue la crisis industrial de 1846-1848 en Francia, Prusia, Austria, Hungría y Suecia (pero no en Inglaterra ni en Holanda). La escasez de alimentos, que puede deducirse de los elevados precios de los cereales, comportó el desplome de la producción industrial de 1848, «paralelamente a una actividad revolucionaria significativa».[1]

No obstante, parece que la secuencia no funciona siempre ni en todas partes de manera tan lineal y simplista, puesto que en algunos lugares la crisis industrial empezó antes que la de las cosechas y en otros tuvo causas diferentes a la del descenso de la demanda. Pero lo que es más importante, no hay que confundir las causas profundas de una revolución con el malestar económico coyuntural que contribuye a su expansión. Las respuestas a las crisis de subsistencias, que se producen en muchos lugares y en momentos muy diferentes, no suelen pasar de alborotos temporales, mientras que los grandes movimientos que desembocan globalmente en respuestas revolucionarias necesitan unos grupos dirigentes que planteen objetivos y dirijan la acción.

Bien es cierto que había problemas derivados de un crecimiento de la población europea, que había pasado de 81 millones de habitantes en 1700 a 133 millones en 1820, un incremento superior al de la disponibilidad de alimentos, como demuestran los estudios de historia antropométrica que registran una disminución de la estatura de las nuevas generaciones durante la primera mitad del siglo XIX. Entre los sectores más afectados por este déficit hay que incluir a los campesinos, a los que se les habían arrebatado los recursos comunales con los que mejoraban el cultivo y completaban su alimentación. También hay que añadir a los productores industriales artesanos, como los tejedores a mano, los *handloom weavers* ingleses o los tejedores de Silesia, que vieron reducidos sus beneficios a causa de los avances de la mecanización.

Mientras que los estudios de historia económica nos explican habitualmente la brillante trayectoria del crecimiento agrario, y sobre todo del industrial, e insisten en mostrarnos que el producto per cápita fue aumentando durante estos años, nos ocultan en cambio que dichos progresos no beneficiaron por igual a toda la sociedad y que el crecimiento global se estaba produciendo a costa de dejar a un segmento cada vez mayor de la población en una precaria situación de equilibrio que cualquier accidente podía agravar.[2]

La patata, con su capacidad de producir más alimento por unidad de superficie cultivada, se había convertido en un cultivo fundamental en buena parte de Europa,* y era indispensable para aquellas familias que

* Recomendada por los ilustrados como remedio infalible contra el hambre. Adam Smith propugnaba su cultivo en *La riqueza de las naciones* con el argumento de que «mantendría a un mayor número de personas y que si los trabajadores eran

disponían de una superficie de cultivo reducida y que no habrían podido alimentarse con otra cosecha. Los niveles de consumo más altos eran los de Prusia, en torno a un kilo por persona al día, y sobre todo los de Irlanda, donde quizás eran aún mayores. El fracaso de las cosechas de patata de 1846 y 1847, a causa de una plaga que al parecer llegó de América en 1845, se combinó en muchos lugares del continente con la pérdida en paralelo y en los mismos años de la de los cereales (trigo, cebada, avena, centeno). En Francia, por ejemplo, los precios del trigo alcanzaron en los primeros meses de 1847 un máximo que casi duplicaba los de dos años antes. Las consecuencias demográficas más graves se produjeron en Irlanda, donde la dependencia de la patata era mayor, puesto que se ha calculado que cubría el 60% de las necesidades alimenticias, y donde entre 1846 y 1851 hubo alrededor de un millón de muertos. Los irlandeses y los alemanes componían la parte mayoritaria de los tres millones de europeos que emigraron hacia América en la década de 1845 a 1855. No obstante, la gravedad y la persistencia de los efectos de la crisis en el caso concreto de Irlanda han de atribuirse también a la actuación del gobierno británico que, en unos momentos en que disponía de importaciones suficientes de cereales para paliar el desastre de Irlanda, apenas hizo nada por evitar la catástrofe.[3]

Por otro lado, parece evidente que la crisis en algunos sectores de producción industrial había aparecido antes de que las malas cosechas la agravasen. Para Gareth Stedman Jones todo apuntaba al inicio de «la desindustrialización en el campo y la pastoralización de extensas zonas que hasta entonces habían combinado la agricultura con la industria doméstica». Resulta evidente, por ejemplo, que el empobrecimiento de los «famélicos cuarenta» en Inglaterra, con especial incidencia en los *handloom weavers*, los tejedores manuales, es anterior a la crisis de la patata.* Y en el caso de los tejedores de Silesia sabemos que se

alimentados con patatas generarían un beneficio mayor», que redundaría también en provecho de los propietarios. «La población aumentaría y las rentas crecerían muy por encima de los niveles actuales.»

* «Ningún otro grupo de trabajadores —escribe Hartwell en su introducción a un estudio de Bythell— ha recibido más simpatía y menos atención erudita que los tejedores manuales de la industria del algodón de Lancashire.» En la literatura sobre la revlución industrial figuran como poco más que víctimas colaterales del progreso.

rebelaron en 1844, en un movimiento que Marx interpretó arriesgadamente* y que Heine condenó en versos de extraordinaria dureza.[4]

Uno de los efectos más importantes de la crisis económica en la génesis de la revolución se produjo a través del aumento del paro y de la emigración de los desempleados rurales del campo a la ciudad. Sin embargo, la revolución no fue una respuesta a la crisis económica, sino a los estragos que producía el avance del capitalismo.

Los revolucionarios

Aunque los movimientos sociales los protagonizan las masas que incluyen a gente con muy diversas motivaciones, la verdadera distinción entre una revolución y una revuelta es la existencia de un grupo de participantes que aportan un proyecto de cambio social. En torno a 1848 había en Europa un gran número de intelectuales que propugnaban nuevas fórmulas para remediar los abusos del capitalismo. A pesar de que en algunos grupos aún se mantenían elementos de la tradición radical de la Revolución francesa, los seguidores de Babeuf y de Buonarroti, ahora había nuevas y diversas voces que identificamos con los orígenes del socialismo y, más concretamente, con la difusión del término «comunismo», es decir, con la voluntad de buscar un recambio global al capitalismo.

En Francia había una amplia gama de planteamientos diversos y de figuras singulares como Claude-Henri, conde de Saint-Simon, hombre de vida aventurera y pensador original que dejó una importante huella en distintos campos. Teórico de la industrialización y reformador social, preocupado por la suerte de los trabajadores, aunque no socialista,

* Marx lo interpretaba como el inicio de un movimiento revolucionario avanzado: «La rebelión de Silesia empieza donde la de los trabajadores franceses e ingleses acababa, con un reconocimiento de la naturaleza del proletariado. Esta *superioridad* marca todo el episodio. No solo se destruyeron las máquinas, competidoras de los trabajadores, sino también los libros de cuentas y los títulos de propiedad, y mientras todos los otros movimientos dirigían sus ataques en primer lugar al enemigo visible, es decir a los industriales, los trabajadores de Silesia se revolvieron también contra el enemigo oculto, los banqueros». Esto lo escribió antes de que su experiencia en la Alemania de 1848 acabase desengañándolo de su potencial revolucionario.

sus discípulos acabaron convirtiendo el «sansimonismo» en una especie de iglesia. Ambicioso como Saint-Simon, Charles Fourier, crítico con el estado capitalista, proponía una vida comunitaria armónica en el seno de los «falansterios», donde los residentes tenían que vivir, educarse y trabajar.

Junto a estos proponentes de grandes cambios, había socialistas reformadores como Louis Blanc, que promovía los «talleres sociales», que acabaron siendo el gran fracaso de la revolución de 1848, o como Pierre-Joseph Proudhon, que influyó con sus críticas a la propiedad privada. También surgieron reformadores cristianos como Lamennais, o «comunistas» como Étienne Cabet, que impulsó la creación de Icaria, una fracasada colonia comunitaria en los Estados Unidos. Si nos trasladamos de Francia a Gran Bretaña, habrá que hablar de William Godwin (1756-1836) como precursor teórico del anarquismo, a su esposa Mary Wollstonecraft, defensora de los derechos de las mujeres, y a la hija de ambos, Mary, esposa de Shelley y autora de *Frankenstein*.

No obstante, el gran nombre que hay que recordar es, sin duda alguna, el de Robert Owen, descrito por Gian Mario Bravo como «empresario e industrial de éxito, intelectual, filántropo, organizador sindical y también socialista, estudioso de la sociedad industrial y de sus problemas». De origen humilde y de formación autodidacta, Owen destacó muy pronto por su capacidad como organizador y administrador de las nuevas grandes fábricas. En 1800, a los treinta años de edad, y gracias a su matrimonio con la hija de un gran propietario, se encontró al frente de la fábrica de hilados de New Lanark, la más grande de Gran Bretaña, como director y socio. New Lanark no solo prosperó bajo su dirección, sino que se distinguió por los esfuerzos realizados para mejorar las condiciones de trabajo y de vida de sus obreros.

Seguir los pasos de Owen, su plena dedicación a una actividad reformadora, sus experimentos comunalistas fracasados en los Estados Unidos, etc. no tendría demasiado sentido. Su figura cobra importancia por su apoyo al sindicalismo y al cooperativismo, pero sus programas eludían dos problemas fundamentales: el del papel del poder político y, muy especialmente, el de los derechos de propiedad. Motivo suficiente para incluirlo entre los que criticaban el capitalismo con una voluntad reformista, pero no entre los socialistas.

Carece de utilidad proseguir el recorrido por esta literatura, que nos conduciría a Alemania, a los Estados Unidos o a Italia. Lo que es realmente importante para que un movimiento desemboque en una revolución es que las ideas sean asumidas por un grupo importante que aspira a dirigirla. E. P. Thompson y Geoff Eley nos describen a los participantes de esta cultura revolucionaria, tanto en Gran Bretaña como en las grandes ciudades europeas, como una mezcla «de artesanos y tenderos, pequeños comerciantes, abogados y demás profesionales, libreros, periodistas» a los que se sumarían, en torno a 1848, estudiantes y trabajadores proletarizados.[5]

LA GÉNESIS DEL *MANIFIESTO COMUNISTA*

Muy distinto es, por la importancia que alcanzaría en el futuro, el caso de Karl Marx (1818-1883), nacido en la Prusia renana en el seno de una familia de clase media de origen judío, que estudió derecho y filosofía en la universidad de Berlín, donde recibió influencia de la izquierda hegeliana. En contraste con esta educación académica, de orientación filosófica, la de Friedrich Engels (1820-1895), hijo de un rico fabricante de tejidos, que solo estuvo un año en la universidad de Berlín, mientras hacía el servicio militar, sería de carácter esencialmente económico y basada tanto en la experiencia vivida como en el estudio. Tenía un conocimiento directo de los daños sociales causados por la industrialización y estaba familiarizado con el funcionamiento del capitalismo —que aprendió en el corazón mismo del sistema, al ser enviado por su familia a Mánchester—, pero además hay que añadir el estudio de la economía política clásica y la experiencia del trato con los dirigentes obreros británicos. De Engels proceden precisamente los elementos fundacionales de la crítica de la economía política que posteriormente desarrollará Marx.

Sabemos cómo se fueron formando las ideas que en 1848 cuajarían en el *Manifiesto comunista.* Como ya hemos mencionado, en 1842, cuando era un joven hegeliano de izquierdas que escribía en la *Gaceta Renana*, Marx estaba preocupado por los robos de leña, convertidos por la dieta renana en «robo cualificado», incluida también la simple recogida de leña seca, que implicaba penas de una dureza desproporcionada. Para un joven educado en los principios de la racionalidad hegeliana, el descubrimiento de que el Estado y sus leyes estaban al servicio de unos intereses particulares —de la defensa de una propiedad privada surgida de la usurpación de los bienes comunales de los campesinos— debió de resultar perturbador.

Poco después Engels le enviaba su «Esbozo de crítica de la economía política», en el que denunciaba «el sistema de fábrica y esclavitud moderna» y prometía «exponer ampliamente la repugnante inmoralidad de este sistema y poner de manifiesto sin miramiento la hipocresía de los economistas», tal como haría en su estudio sobre *La situación de la clase obrera en Inglaterra*, publicado en 1845. Eso despertó el interés de Marx por la economía. Sin embargo, no es este el lugar para ocuparse de la formación de las ideas del «materialsimo histórico», que redundaría en la redacción conjunta de *La Sagrada Familia* y, sobre todo, de *La ideología alemana*, fruto de un largo trabajo de colaboración que Marx y Engels llevaron a cabo en Bruselas entre el verano de 1845 y el otoño de 1846, o de la formulación por parte de Marx de las *Tesis sobre Feuerbach*, donde sostiene que «Toda la vida social es esencialmente *práctica*. Todos los misterios que desvían la teoría hacia el misticismo tienen su solución racional en la práctica humana y en la comprensión de esta práctica». En lugar de una teoría que sirva para enmascarar la realidad, nos propone otra que se tendrá que elaborar, abierta y explícitamente, en función de una práctica revolucionaria: «Los filósofos no han hecho más que *interpretar* el mundo de diferentes maneras, pero de lo que se trata es de transformarlo».

La redacción del *Manifiesto* se llevó a cabo en el contexto de la relación de Marx y Engels con grupos radicales de trabajadores y artesanos alemanes emigrados a Francia, Inglaterra y Bélgica. Ambos se habían afiliado a un grupo de París llamado Liga de los Justos, que en el congreso celebrado en Londres en el verano de 1847 cambió su nombre por el de Liga de los Comunistas y se manifestó a favor del gobierno del proletariado y de la lucha para conseguir una sociedad sin propiedad privada ni clases. A finales de aquel mismo año pidieron a Marx y a Engels que redactasen un manifiesto que expusiera las ideas políticas del grupo. Al parecer, fue Marx quien, aprovechando un primer esbozo de Engels, compuso el texto que se publicó en Londres en febrero de 1848, al mismo tiempo que estallaba en París la revolución, con el nombre de *Manifiesto del Partido Comunista*. El texto, que empezaba con la frase «Un fantasma recorre Europa: es el fansatma del comunismo», dedicaba una primera parte, con el título de «Burgueses y proletarios», a exponer sus ideas sobre la historia: «La historia de todas las sociedades que han existido hasta nuestros días es la historia de la lucha de clases», y explicaba la forma en que la industrialización había acabado produciendo una polarización que enfrentaba fundamentalmente a la burguesía y al proletariado, que en aquel entonces era la única clase revolucionaria, mientras que los estratos intermedios —las «clases medias» de pequeños industriales, pequeños comerciantes, menestrales y campesinos— adoptaban actitudes conservadoras e incluso reaccionarias. En la segunda parte, «Proletarios y comunistas», exponía el plan para conseguir una sociedad sin clases en la que «el libre desarrollo de cada uno será la condición para el libre desarrollo de todos». La tercera parte, «Literatura socialista y comunista», realizaba un repaso crítico de todas las formulaciones socialistas expuestas hasta el momento. Y en la cuarta y última, «Posición de los comunistas frente a los partidos opositores», manifestaba que «los comunistas apoyan en todas partes cualquier movimiento revolucionario contra las condiciones sociales y políticas imperantes» y terminaba con una formulación rotunda que sostenía que los objetivos de los comunistas «solo podrán alcanzarse con la subversión violenta de cualquier orden preexistente», en una revolución en la que «los proletarios no tienen nada que perder [...] más que sus cadenas. Tienen un mundo entero que ganar».

En abril de 1848, Marx y Engels, atraídos por las perspectivas que parecía ofrecer la revolución en Alemania, se trasladaron a Colonia, donde, con su actuación política y, sobre todo, con la publicación de la *Nueva Gaceta Renana*, esperaban impulsar el proceso que tenía que conducir Alemania a una revolución burguesa, preludio inmediato de una revolución proletaria. Sin embargo, los insurrectos de aquellos años todavía no eran los proletarios, sino principalmente los artesanos y hombres de oficio sometidos a los efectos del progreso del capitalismo, contra el que se rebelaban.[6]

La revolución en Francia

Los movimientos revolucionarios de 1848 se iniciaron en Italia en el mes de enero, con la insurrección de Palermo que se extendió después a Nápoles; no obstante, los acontecimientos que conmocionaron a Europa fueron los de la revolución que dio comienzo en París el 24 de febrero. En una Francia en la que tanto los trabajadores urbanos como los campesinos habían llegado a una situación de profundo malestar, el inmovilismo de la política de Guizot exasperó a los opositores que, ante la prohibición de celebrar reuniones políticas, convocaban «banquetes democráticos», que gozaban de una gran concurrencia y donde se aprovechaban los brindis para pronunciar discursos a favor de una reforma electoral que posibilitase una política más participativa.[7] Cuando el gobierno prohibió los banquetes, los opositores decidieron celebrar uno el día 22 de febrero de 1848, que iría acompañado de una manifestación de protesta en la que participarían ciudadanos junto con los comensales. El gobierno reiteró la prohibición y los organizadores desconvocaron el banquete, pero no pudieron evitar la indignación de los obreros y de los estudiantes que se disponían a participar en la manifestación y se lanzaron a las calles.

Guizot, como de costumbre, envió a la guardia nacional a reprimirlos, pero esta vez la guardia se unió a los manifestantes y se solidarizó con su campaña contra Guizot y en favor de la reforma. El rey cedió y destituyó a Guizot, tal como se le exigía, pero la celebración multitudinaria de la victoria se vio perturbada la tarde del 23 de febrero, cuando la guardia del Ministerio de Asuntos Exteriores disparó y causó 52 muertos y numerosos heridos entre los manifestantes. Los cadáveres, que fueron exhibidos por la ciudad, transformaron la situación. Volvieron a levantarse barricadas y el día 24, lo que hasta aquel momento había sido una revuelta, se convirtió en una revolución. Luis Felipe, desmoralizado, abdicó en su nieto de nueve años, el conde de París —su primogénito y presunto heredero, el duque de Orleans, había muerto en 1842 en un accidente—, y abandonó el palacio de las Tullerías, que poco después sería invadido pacíficamente por los insurrectos.

La duquesa de Orleans se presentó en el Parlamento con sus hijos para proponer al mayor como rey, bajo su regencia, pero los insurgentes irrumpieron en la sala y no se pudo votar la propuesta de investidura. Entretanto, una reunión en el ayuntamiento de París negociaba por su cuenta la formación de un gobierno y Alphonse de Lamartine junto con otros políticos radicales se sumaban al proyecto de crear un gobierno provisional de once miembros que incluía representantes de los dos bandos —republicanos liberales, y otros más radicales que simpatizaban con las tendencias socialistas, como Louis Blanc y el obrero Albert— y declaraban que «querían la república». Así nacía la Segunda República francesa, de una decisión aclamada por la multitud en la calle, sin pasar por los trámites de una votación constituyente. De hecho, se trataba de un cambio impuesto por su cuenta por las capas populares de París. El director efectivo de este gobierno provisional sería, en un principio, el poeta e historiador Alphonse de Lamartine, que en aquellos momentos tenía un considerable presitigio personal.

La gravedad de los problemas económicos, que figuraban entre los motivos predominantes de la protesta popular, explica que se adoptasen medidas con las que Louis Blanc y los radicales «socialistas» esperaban resolver los problemas del trabajo. La institución encargada de llevar a cabo dichas medidas de reforma social fue una comisión instalada en el palacio del Luxemburgo —así se alejaba, diría Marx, a los representantes de los trabajadores de la sede del gobierno provisional, donde tenían que tomarse las grandes decisiones políticas— que se encargaría de investigar las condiciones de trabajo, de proponer las reformas (con medidas como la abolición de la subcontratación, el establecimiento de la jornada de diez horas en París y de once en las provincias, etc.) y de arbitrar las disputas laborales.

Lo más eficaz y transformador en este terreno podrían haber sido los «talleres nacionales», con los que se esperaba ofrecer trabajo a los casi 120.000 parados que había en aquellos momentos en la capital y en los alrededores. Sin embargo, ni se consiguió absorber todo el desempleo, ni se podía esperar gran cosa de unos talleres que, desde un inicio, se determinó que no tenían que competir con la industria privada, impidiendo así que se convirtieran en cooperativas de producción, como se había propuesto Blanc al principio con su proyecto de «talleres sociales» y a lo que realmente aspiraban los trabajadores. Así pues, no dejaron de ser instituciones de ayuda a los desempleados. El trabajo que ofrecían era duro y poco estimulante, pagado a razón de dos francos diarios per cápita, una remuneración que después se redujo a un franco, pero los obreros lo veían como una primera medida encaminada a las transformaciones sociales a las que aspiraban. El problema era que había que cubrir estos y otros gastos a partir de una hacienda empobrecida y deficitaria, circunstancia que obligó a mediados de marzo a declarar el curso forzoso de los billetes en papel y a aumentar en 45 céntimos un impuesto indirecto.

Se habían convocado para el 23 de abril unas elecciones por sufragio universal masculino que servirían para crear una Asamblea constituyente. El hecho de pasar de unos 200.000 a más de 9 millones de electores, de los que un 84 % votaban por primera vez, sin unos partidos que pudieran orientarlos o influir en ellos, podía tener efectos imprevisibles. Para los radicales y socialistas, el problema consistía en que las elecciones confrontarían el clima revolucionario de París y de Lyon con el de las provincias, mucho más moderado, donde tenía mucho peso la influencia de los grandes propietarios —y, por primera vez desde 1789, la del clero— y donde resultó decisiva la oposición de los campesinos a seguir pagando con recargos en sus impuestos los gastos sociales de los revolucionarios de París. Como era previsible, el resultado fue decepcionante, puesto que los radicales obtuvieron una minoría de 55 puestos frente a una gran mayoría de republicanos moderados y, sobre todo, de viejos monárquicos, legitimistas y orleanistas, convertidos ahora al republicanismo. La reunión de la Asamblea constituyente del 4 de marzo de 1848 significaba el principio del fin de la revolución socializante de febrero y el inicio de una línea de actuación conservadora, y en ocasiones reaccionaria.

A comienzos de mayo se nombró una comisión ejecutiva de cinco miembros, con Lamartine pero sin ningún radical, y se empezó al mismo tiempo a designar a los ministros, entre los que se encontraba el general Louis-Eugène Cavaignac, un «héroe africano» de la conquista de Argel, que asumía el Ministerio de la Guerra. El malestar de la izquierda ante el giro hacia la derecha de la Asamblea dio lugar a una serie de alborotos en París, a una confrontación que culminó el 21 de junio, cuando se decretó la liquidación de los «talleres nacionales» y se obligó a los obreros de dieciocho a veinticinco años a ingresar en el ejército, mientras que los demás tenían que marcharse a las provincias. La respuesta inmediata y espontánea fue el inicio de la insurrección obrera de París del 23 al 26 de junio, en la que un número considerable de rebeldes —de 30.000 a 50.000— se lanzó a la lucha en las barricadas, y las fuerzas armadas, bajo el mando del general Cavaignac, al que se le habían dado plenos poderes, los aplastaron sin piedad: en el combate perecieron unos 1.200 soldados y unos 3.000 insurgentes, muchos fusilados sumariamente, y unos 12.000 fueron encarcelados, entre ellos 4.500 deportados, mayoritariamente a Argelia, sin juicio previo.*

La Asamblea confió a Cavaignac la dirección del gobierno y este formó un nuevo ministerio e inició una línea política netamente conservadora. La nueva Constitución, aprobada el 4 de noviembre casi por unanimidad, mantenía el sufragio universal masculino, establecía una sola cámara con funciones legislativas y confería el poder ejecutivo a un presidente de la república elegido por sufragio universal por un único mandato de cuatro años, que sería a la vez jefe del Estado y del gobierno. Esta situación había de crear inevitablemente conflictos entre la autoridad del presidente y la de la Asamblea.

El 10 de diciembre se procedía a la elección del presidente de la república. Cavaignac, considerado el salvador del orden social por haber aplastado la revuelta de junio, se presentó, convencido de que ganaría, pero el voto favoreció a un candidato nuevo, el príncipe Luis Napoleón Bonaparte, que consiguió el 74 % de los votos. Muchos procedentes quizás de la nostalgia napoleónica del campo, pero en París obtuvo el 58 % de los votos y en Lyon el 62. Con él, un personaje cuyos méritos se limitaban a ser el sobrino de Napoleón (y hay motivos para dudarlo), comenzaba la deriva hacia la derecha: fin del sufragio universal (una nueva ley electoral de 1850 arrebataba el derecho al voto a un tercio de los votantes más pobres), establecimiento gradual de un estado policial como instrumento de lucha contra la amenaza de la revolución, aproximación a la Iglesia, etc. Además, como la revisión constitucional necesaria para garantizarle un segundo mandato no ob-

* Los combatientes más brutales en la defensa del orden establecido fueron los miembros de la «guardia móvil» que había creado la revolución en febrero, integrada por parados y miembros de las capas populares, que recibían un sueldo del gobierno. En cambio, un análisis de la condición de los presos muestra que la mayoría eran trabajadores especializados de oficios artesanos (construcción, metal, sastres, zapateros, etc.).

tuvo los dos tercios de mayoría necesarios (fue aprobada por 446 frente a 270 votos), el 2 de diciembre de 1851 dio un golpe de Estado, legitimado a posteriori por un plebiscito que arrojó 7.500.000 síes, 640.000 noes y 1.500.000 abstenciones. Finalmente, en 1852 restableció el imperio, que duraría hasta la *Commune*.[8]

La revolución en tierras de los Habsburgo y en Alemania

Entre febrero y junio de 1848, mientras en Francia se producían los dos actos contradictorios de su revolución, los movimientos se extendían por toda Europa, especialmente por las tierras de los Habsburgo y de la Confederación Germánica. En torno al mes de mayo tuvieron lugar los primeros disturbios en Alemania —levantamiento en Múnich, manifestaciones obreras en Colonia, agitación en Berlín y reunión del Vorparlament o Preparlamento en Fráncfort—, seguidos por una revolución en Austria, una convulsión nacionalista promovida por Lajos Kossuth en la dieta húngara de Pressburgo, reuniones en Praga exigiendo derechos políticos para los checos, una gran insurrección en Milán, la proclamación de la república en Venecia, la celebración de la primera Asamblea Nacional de Rumanía, etc. Malestar económico, reivindicaciones nacionales y exigencias de gobiernos representativos se mezclaban en esta secuencia de sucesos que se estaban produciendo simultáneamente.

Si París había sido la capital de la revolución, la segunda sería Viena, donde en marzo se presentaron en la reunión de la Dieta de la Baja Austria dos peticiones que reclamaban un gobierno representativo. Metternich, que pensaba que podría controlar fácilmente cualquier incidencia que se produjese en Viena, se vio sorprendido el 13 de marzo por la agitación de los estudiantes que exigían su destitución y el establecimiento de un régimen constitucional. Mientras se ordenaba que las tropas acantonadas fuera de la capital se encargasen de restaurar el orden, los trabajadores y las capas populares se sumaban a la revuelta y asaltaban las propiedades plantando cara a las fuerzas del orden en unos enfrentamientos que provocaron 45 muertos. Obligado por la propia corte, Metternich tuvo que dimitir y huir a Inglaterra a toda prisa para salvar la vida.

Hubo que hacer muchas promesas para apaciguar el movimiento, entre ellas la de una constitución, con un parlamento donde estarían representadas todas las tierras del imperio, excepto Hungría, que ya tenía una Dieta propia y que aprobó por su cuenta una constitución que le permitía nombrar a su gobierno. La conmoción iniciada en Viena se extendió por todo el imperio: a Hungría, a Venecia, donde se restauró la República de San Marcos, a Milán, a Praga, etc. Semejantes reivindicaciones, que coincidían en algunos aspectos, como en la demanda de la emancipación de los campesinos, sometidos todavía a la servidumbre feudal, y en la de concesión de derechos civiles y un gobierno representativo, solo podían recibir respuesta del poder del emperador, que era el único elemento común en las instituciones políticas de estas comunidades.

Se celebraron elecciones en el mes de junio y en julio se reunió en Viena una asamblea con 383 delegados de todo el imperio, excepto Hungría, que, aunque la mayoría no entendían el alemán, sí coincidían en pedir la emancipación de los campesinos, representados en la reunión por 92 diputados, de las obligaciones y cargas del régimen señorial, una concesión que el emperador se vio obligado a atender el 7 de diciembre de 1848 y que constituiría el logro más positivo de la revolución. Pese a todo, la intranquilidad persistía en Viena, de donde la familia real tuvo que huir en dos ocasiones, y no cesó hasta que el general Windisch-Grätz la ocupó a finales de octubre y puso fin por la fuerza a una escalada revolucionaria en la que habían participado sobre todo estudiantes y trabajadores.

Entretanto, el imperio se salvaba del riesgo de disolución con una afortunada acción militar en Italia y fomentando las divergencias entre los distintos grupos étnicos: los checos, reunidos en un Congreso Paneslavo en junio de 1848, rechazaron integrarse en el Preparlamento de Fráncfort y enunciaron la doctrina del austroeslavismo, que proponía conseguir la autonomía dentro de la monarquía austríaca en vez de combatir por una independencia con la que corrían el riesgo de ser absorbidos por alemanes, húngaros o rusos: «Si Austria no hubiera existido desde hace tiempo —diría el historiador František Palacký— sería necesario, por el interés de Europa y por el interés de la humanidad, crearla.» Pero una revuelta de los jóvenes de Praga provocó la muerte de la esposa del general Windisch-Grätz, víctima de una bala perdida, y este aplastó violentamente a los insurgentes y disolvió el congreso.

En diciembre de 1848, la familia imperial forzó la abdicación de Fernando I en su sobrino de 18 años, Francisco, que se proclamó emperador con el nombre de Francisco José I, y que conservaría el poder durante sesenta y ocho años, hasta su muerte en 1916. En marzo de 1849, por inspiración de su jefe de gobierno, Felix zu Schwarzenberg, el nuevo emperador, promulgó una constitución unitaria que consideraba a todas las provincias del imperio, salvo las italianas, en pie de igualdad. Era un documento sorprendentemente liberal, pero era un fraude, ya que ni el emperador ni el ministro tenían intención de respetarlo; el 31 de diciembre de 1851, cuando ya había pasado el peligro revolucionario, se suprimió la Constitución y el imperio emprendió una política neoabsolutista. Mucho más compleja era la situación de Hungría, donde en septiembre de 1848 los eslovacos se rebelaron contra la «magiarización» que se les pretendía imponer. Los cambios de marzo de 1848, inspirados por Lajos Kossuth, fueron sancionados por la Dieta húngara y aprobados en Viena por Fernando I en calidad de rey de Hungría. Los húngaros se negaron a reconocer el nombramiento del emperador Francisco José hasta que no fuera coronado rey de Hungría y jurase su Constitución.

La publicación por parte del gobierno de Viena de la constitución unitaria de 1849, que reunificaba el imperio, fue rebatida por los húngaros con la proclamación de independencia y la deposición de la «dinastía perjura de los Habsburgo». Tras comprobar que las tropas austríacas no bastaban para imponerse a los húngaros, el gobierno de Viena aceptó la ayuda que les ofrecía el zar Nicolás I, preocupado por la intervención de numerosos polacos en la revolución húngara, cosa que le hacía sospechar que detrás había una conspiración contra Rusia. Las tropas rusas entraron en Hungría y los húngaros, derrotados, capitularon en Világos el 13 de agosto de 1849 y sufrieron una durísima represión por parte de los austríacos, con centenares de ejecuciones.[9]

En Italia la debilidad de los austríacos facilitó una serie de avances revolucionarios: la revuelta de Sicilia, la proclamación de una constitución en Nápoles, la restauración de la república de Venecia, la proclamación de constituciones en la Toscana, en Cerdeña-Piamonte y en los Estados Pontificios, donde el enfrentamiento del papa con los austríacos propició que durante cierto tiempo se le considerase un liberal, ilusión que se acentuó cuando aceptó conceder una Constitución. Sin embargo, Pío IX huyó de Roma alegando que lo habían forzado a otorgar la Constitución, y en su ausencia se proclamó una república romana dirigida por Mazzini, hasta que Napoleón III, convertido ya en emperador, acudió con su ejército para poner fin a la revolución y restaurar al papa (un gesto que necesitaba para legitimarse en Europa y para atraer a los católicos franceses).

En el reino de las Dos Sicilias, Fernando II liquidó la revolución de Sicilia a cañonazos (hecho que le valdría el sobrenombre de *il re bomba*), mientras que Carlo Alberto de Cerdeña-Piamonte aprovechaba la situación de los austríacos para tratar de apoderarse de Lombardía. Austria estaba tan apurada que pensó en ceder la Lombardía al Piamonte y dar la autonomía a Venecia. Pero Carlo Alberto fue derrotado por las tropas de Radetzky en Custoza y se vio obligado a abandonar Milán y a pedir un armisticio; un nuevo intento por reanudar el combate se saldó con una nueva derrota en Novara, que le obligó a abdicar. Dos factores contribuyeron al restablecimiento del orden en Italia. Uno, muy destacado, fue la capacidad militar del general Radetzky, pero hubo también un elemento decisivo que explica los retrocesos de la revolución, tanto en Italia como en toda Europa: el temor de la burguesía ante los avances de la democracia y del republicanismo. Muchos italianos se asustaron ante el camino al que conducía la revolución, y la causa nacionalista perdió una clara oportunidad de triunfo.[10]

En Alemania, la lucha por las libertades democráticas se combinó con la que tenía por objetivo la unificación de una entidad que en aquel entonces era un conglomerado de 39 estados diversos, de dimensiones que oscilaban entre los 11 millones de habitantes de Prusia y los pequeños principados con menos de 50.000. En algunos lugares como la Selva Negra, Turingia, Nassau y Franconia, hubo revueltas campesinas, con asaltos a los castillos y destrucción de máquinas. En Hesse atacaron a los judíos, con quienes estaban endeudados los agricultores por los préstamos que habían pedido para pagar la liberación a sus señores.

En la oposición había «liberales», que querían monarquías constitucionales, «republicanos» que se proponían liquidar las monarquías y un reducido número de radicales que aspiraban a cambios en la dirección del socialismo. La fuerza de choque de las insurrecciones habían sido hasta el momento los campesinos, que abandonaron la causa de la revolución una vez conseguida la liberación de las cargas feudales, y los trabajadores, que lo seguirían siendo, movidos por las dificultades de una época de crisis económica y de escasez de alimentos.

En gran parte de los estados germánicos la inquietud generó presiones para la concesión de constituciones, o para introducir nuevas reformas liberalizadoras allí donde ya había una. Este fue precisamente el caso de Würtemberg o de Hannover, donde reinaba Ernesto Augusto, tío de la reina Victoria de Inglaterra y el más odiado de los soberanos alemanes. En el gran ducado de Baden hubo, el 12 de abril de 1848, un frustrado intento de proclamación de la república. En Baviera —el segundo de estos estados, después de Prusia, por sus dimensiones— el levantamiento, originado a causa de la indignación por las relaciones entre el rey Luis I y la bailarina Lola Montes, acabó con la abdicación del rey en su hijo.

En Prusia, el rey Federico Guillermo IV, un personaje desequilibrado, que en 1858 tuvo que ser apartado del gobierno por su estado mental, convocó en febrero de 1847 una Dieta unida, formada por representantes de las ocho dietas provinciales, con un total de 613 delegados: 70 príncipes, 237 nobles, 182 burgueses y 124 campesinos. Su intención era convertirla en un órgano asesor, que se reuniese cuando el rey lo requiriese para facilitarle la obtención de recursos, pero sin participación en las decisiones políticas. Desengañados por las esperanzas que habían depositado en aquella convocatoria, los representantes le negaron las concesiones fiscales, y el rey suspendió la Dieta el 26 de junio.

La revolución prusiana estalló en Colonia el 3 de marzo de 1848, en un movimiento protagonizado por los trabajadores, y llegó a Berlín el 17 de marzo, donde se produjeron enfrentamientos entre los manifestantes, sobre todo obreros, y el ejército que causaron centenares de muertos. Al día siguiente, el 18 de marzo, Federico anunció la supresión de la censura, convocó de nuevo la Dieta unida y se mostró partidario de favorecer un movimiento de unificación de Alemania. Paralelamente, el 5 de marzo de 1848, se reunía en Heidelberg un grupo de partidarios de una Alemania unida y constitucional, que decidieron convocar para el 18 de mayo una Asamblea Nacional con representantes elegidos por sufragio universal masculino. Las elecciones a este Vorparlament escogieron a unos ochocientos diputados, de representatividad bastante diversa, procedentes principalmente de los pequeños estados del sur de Alemania y entre los que predominaban abogados, funcionarios y burócratas. Se dividían fundamentalmente en tres grandes grupos: conservadores, liberales y radicales, incluidos también los republicanos.*

Entretanto, en Prusia, Federico Guillermo chocaba con la Asamblea Nacional cuando esta, presionada por una multitud en las calles de Berlín, votó una propuesta sobre la obligación del ejército de cooperar con las autoridades civiles. Día a día se acrecentaba la tensión entre la Asamblea y el rey, que no aceptaba que se suprimiera el principio que sostenía que su autoridad emanaba de «la gracia de Dios», ni la exigencia de que los militares jurasen lealtad a la Constitución. Federico Guillermo contaba ahora con el importante respaldo de los Junkers, los terratenientes del este, que en agosto de 1848 se reunieron en Berlín en un «Parlamento Junker», inspirado por el joven Otto Bismarck. Este apoyo fue clave para que el rey se decidiese a intervenir, animado también por la derrota final de la revolución en Viena. El 2 de noviembre de 1848 destituyó al jefe del gobierno y lo sustituyó por un conservador, el conde Friedrich Wilhelm von Brandenburg. El intento de rechazo por parte de los diputados no sirvió de nada. El 9 de noviembre se comunicaba a la Asamblea que, por su propia seguridad, ante los alborotos que se estaban produciendo en Berlín, se procedía a suspender

* Uno de los problemas fundamentales que había que discutir era el de la estructura y composición del Estado alemán que se tenía que formar. Austria, que había superado la crisis revolucionaria, quería integrarse con todos sus territorios no germánicos, cosa que convertiría esta «gran Alemania» solamente en una confederación (los checos, como ya hemos dicho, rechazaron el llamamiento del Preparlamento y convocaron su propio Congreso Paneslavo). La mayoría de los diputados querían un Estado estrictamente alemán encabezado por Prusia: una «pequeña Alemania», que quizás más adelante pudiera federarse con el imperio austríaco. Esta fue la propuesta que se aprobó en un principio.

sus actividades durante tres semanas, a cuyo término se retomarían las sesiones en Brandenburgo. Al mismo tiempo, el general Wrangel ocupaba Berlín y declaraba la ley marcial, sin hallar resistencia alguna.

Los diputados radicales permanecieron en la ciudad y el 15 de noviembre iniciaron una campaña alegando que mientras no se autorizase la libre celebración de la Asamblea en Berlín, el gobierno de Friedrich Wilhelm von Brandenburg no tenía autoridad para cobrar impuestos. Cuando el 27 de noviembre se reanudaban las sesiones de la Asamblea de Brandenburgo, no había suficientes diputados para completar el *quorum* y el jefe del gobierno pudo declararla disuelta el 5 de diciembre. No obstante, el rey no cometió el error de acabar con el proyecto de elaborar una constitución, sino que optó por tratar de negociar para que esta fuera de su agrado.

La nueva ley electoral del 30 de mayo de 1849, que limitaba la participación de las capas populares a la cámara baja con un sistema de voto indirecto, otorgó la mayoría a conservadores y liberales, que se pusieron a trabajar en la reforma de la Constitución, en una pugna constante con el rey hasta que por fin llegaron a un acuerdo sobre un texto que el monarca juró el 2 de febrero de 1850, y que seguiría en vigor en Prusia hasta 1918. La Constitución satisfacía las aspiraciones del rey y le reservaba la autoridad sobre el ejército, la burocracia y la política exterior, pero conservaba al mismo tiempo una serie de demandas planteadas por los liberales, de manera que contentaba a buena parte de la sociedad prusiana y acabó liquidando el clima revolucionario. La burguesía moderada estaba parcialmente satisfecha, además de asustada ante la amenaza potencial del radicalismo, mientras que los campesinos y los trabajadores se desinteresaban de unos proyectos que no se ocupaban de sus problemas.

Marx, desengañado por las ilusiones que le habían hecho regresar a Alemania por última vez en su vida, escribía en la *Nueva Gaceta Renana* el 31 de diciembre de 1848: «una *revolución burguesa* y el establecimiento del *poder burgués* en la forma de una *monarquía constitucional* es imposible en Alemania, donde solo es posible una contrarrevolución absolutista feudal».

Mientras tanto, la Asamblea de Fráncfort había aprobado el 10 de noviembre de 1848 su proyecto de constitución y el 28 de marzo de 1849 una delegación ofrecía la corona imperial de la Alemania unificada a Federico Guillermo IV, que se negó a aceptarla alegando que solo podía recibir la corona si los otros monarcas alemanes se la ofrecían, pero en realidad actuaba movido por el desprecio por una corona que le entregaba el populacho. Esta negativa, que acababa con la última esperanza de un constitucionalismo avanzado, provocó una auténtica insurrección en la Prusia renana, que era la parte más adelantada del país, con un importante equipamiento industrial. El consejo municipal de Colonia convocó una reunión de los consejos municipales de Renania, que el 8 de mayo de 1849 reconocieron como «ley definitiva» la Constitución del imperio e iniciaron una revuelta contra el gobierno prusiano, que finalmente fue aplastada por las tropas de Federico Guillermo. La revolución alemana había terminado.[11]

España: ni burguesía ni revolución

En España, donde no había una burguesía comparable a las de Francia o Gran Bretaña, ningún elemento podía hacer pensar en una revolución burguesa. Bien lo reconocía un anónimo observador tan inteligente como reaccionario en un folleto publicado en aquel mismo 1848 con el título de *Europa y España*, que enlazaba la condena de la industrialización con el tópico, que sobreviviría duante tantos años, del feliz contraste entre la Europa industrializada y una España fundamentalmente agraria. Decía que, a diferencia de lo que sucedía en Europa, en España

> la industria fabril no progresa, es cierto; pero esto no es un síntoma de decadencia. [...] Porque, en primer lugar, su atraso nos evita el doloroso espectáculo que ofrecen los distritos manufactureros de Inglaterra, Bélgica y Francia: esas falanges de seres raquíticos, hambrientos, enfermizos, que viven en la atmósfera emponzoñada de las factorías, respirando en ella los más activos gérmenes de degradación física y moral. En segundo lugar, la lentitud y escasez con que los capitales acuden al establecimiento y fomento de las fábricas es una prueba innegable de que el interés privado, juez inapelable en estas materias, sabe y desea darles aplicaciones más provechosas.

A la postre, y tras estos razonamientos económicos, salía a la luz el motivo supremo del rechazo de la industria: el miedo a la revolución. «Acabamos de verla pasearse en triunfo por toda la parte culta del antiguo continente», mientras que España se había librado de ella: «¿Por qué no nos preservaremos *solos nosotros* del torrente de anarquía y desorden que inunda hoy las naciones de Europa?». La paz social valía para estos hombres el precio del retraso económico, que intentaban negar denunciando la miseria del entorno industrial europeo y cerrando los ojos ante la realidad del medio rural español, que tenía en aquellos años cifras de mortalidad infantil e índices de analfabetismo muy superiores a los de los países que empezaban a industrializarse. De hecho, los gobiernos del liberalismo español del siglo XIX mostraron una hostilidad sistemática a la industrialización: si se analiza el diario de sesiones del Congreso español entre 1834 y 1854 no se encontrará ninguna entrada para conceptos como «industria» o «manufactura».[12]

Inglaterra: la frustración del cartismo

El desgaste de los *whigs* devolvió el poder a los *tories* de 1841 a 1846, con Robert Peel al frente de un partido que había superado la intransigencia de los tiempos de Wellington para adaptarse a las nuevas circunstancias. Peel tuvo un papel fundamental en el restablecimiento del equilibrio y recuperación de una hacienda que estaba en situación de déficit, mediante la restauración en 1842 de la *income tax*, impuesto sobre los ingresos, que se había suprimido al final de las guerras napoleónicas. Sin embargo, en una sociedad dominada por los intereses de los propietarios de la tierra, la decisión de abolir las *corn laws*, ante la hambruna de Irlanda, provocó las iras de los terratenientes y se vio obligado a dimitir. La consecuencia inmediata sería la división del partido y la recuperación del gobierno por parte de los *whigs*.[13]

La frustración por el escaso alcance de la reforma electoral de los *whigs* y el malestar suscitado por la nueva ley de pobres fueron el estímulo que orientó a las fuerzas populares hacia el «cartismo», hacia la demanda de una reforma que les diese acceso a la Cámara de los Comunes, es decir, a la actividad legislativa. La reforma propuesta por la *People's Charter* contenía seis puntos: sufragio universal masculino con voto secreto, parlamentos anuales, división equitativa de las circunscripciones, eliminación de las exigencias de poseer propiedades y pago de un salario a los diputados que permitiera el acceso de la clase obrera a la actividad política. La campaña de la *People's Charter*, la carta constitucional del pueblo, comenzó en Glasgow en mayo de 1838, en una reunión con 150.000 asistentes, recibió en Londres el respaldo de la London Working Men's Association y se extendió a lo largo de 1839 por las provincias. La militancia cartista era esencialmente artesana y obrera, pero los cuadros dirigentes estaban compuestos por miembros del radicalismo burgués, aunque algunos se alejaron al constatar la beligerancia que adquiría el movimiento.

Esperaban alcanzar sus objetivos por medios legales, presentando peticiones firmadas por un número abrumador de personas que obligasen a los diputados a discutirlas. La primera se presentó a principios de julio de 1839 con 1.280.000 firmas, pero los diputados rechazaron estudiarla por 235 votos contra 46. En el verano y el otoño de 1839, a medida que la crisis económica se iba agravando, los disturbios organizados por los trabajadores en paro aumentaban. Durante la noche del 3 al 4 de noviembre de 1839, unos diez mil hombres procedentes de las minas y de la siderurgia de los valles de Gales trataron de adueñarse de la ciudad de Newport, pero fueron derrotados por el ejército y sus dirigentes condenados a deportación.

Se inició entonces un momento de reflujo del que se comenzó a salir a partir del verano de 1840 con la fundación de la National Charter Association (NCA), un nuevo tipo de organización, con unos 70.000 afiliados en 1842, que era el elemento que coordinaba una serie de instituciones (escuelas, tiendas, centros) que ofrecían un espacio de contracultura obrera. Se presentó entonces al Parlamento una nueva petición, esta vez con 3.317.752 firmas, que también fue menospreciada por los diputados y provocó una huelga en la que se implicaron hasta 500.000 obreros, que consiguieron algunos resultados en el ámbito de los salarios, pero ninguno en el de las peticiones políticas. La última y también fracasada presentación en 1848 de una nueva petición, todavía con más firmas que la anterior, significó el fin del cartismo. La movilización reformista del mundo de los trabajadores pasaría ahora a un sindicalismo condenado a luchar por los derechos económicos de los trabajadores en el seno del capitalismo.

EL REFLUJO

En 1849 empezó el reflujo del gran movimiento que había atemorizado a Europa. En enero, Federico Guillermo IV de Prusia convocaba elecciones conforme a la nueva Constitución que había hecho aprobar en el mes de diciembre anterior. En marzo de 1849 se disolvió el Parlamento de Nápoles al mismo tiempo que los piamonteses eran derrotados en Novara; en abril el rechazo del rey de Prusia al ofrecimiento de la corona por parte del Preparlamento de Fráncfort liquidaba la esperanza de una Alemania constitucional; en mayo el «rey bomba» aplastó la revolución de Sicilia; en julio los franceses entraron en Roma tras derrotar a la desesperada resistencia de Garibaldi y restablecieron en el poder absoluto al papa Pío IX; en agosto los húngaros capitularon ante los rusos en Világos y los venecianos se rindieron frente a los austríacos. Entretanto, el cartismo británico seguía agonizando. En diciembre de 1851, el nuevo emperador de Austria-Hungría, Francisco José I, suprimía la Constitución que había proclamado en marzo de 1849

La revolución había terminado. No sin resultados, porque se puede considerar que la ganadora fue la burguesía. Se eliminaron los restos más visibles del feudalismo y la servidumbre, excepto en Rusia, y en casi todas partes se constituyeron parlamentos elegidos por sufragio censitario que otorgaban el predominio político a los propietarios, es decir, a la alianza de terratenientes y burgueses. La otra revolución, la que anunciaba el *Manifiesto comunista*, tendría que aplazarse. Ni el conjunto de artesanos y tenderos que militaban en asociaciones como la Liga de los Comunistas, ni la mayoría de los combatientes de las otras revoluciones de París de 1830 y 1848 eran el proletariado que había de convertirse en protagonista de la revolución socialista anunciada en el *Manifiesto*.

El fracaso de las revoluciones de 1848 representó una gran decepción para Marx, que analizaría los acontecimientos que se habían producido en Francia en los artículos sobre «Las luchas de clases en Francia de 1848 a 1850» (1850) y en «El 18 Brumario de Luis Bonaparte» (1852), y lo sucedido en Alemania en una serie de artículos en los que afirmaba que «en Alemania es imposible una *revolución burguesa* pura». Al examinar lo acontecido en Francia en *El 18 Brumario*, Marx hacía una observación fundamental:

> Los hombres hacen su propia historia, pero no la hacen a su libre arbitrio, bajo circunstancias elegidas por ellos mismos, sino bajo aquellas circunstancias con que se encuentran directamente, que existen y les han sido legadas por el pasado. La tradición de todas las generaciones muertas oprime como una pesadilla el cerebro de los vivos.

El peso de los miedos de 1789 había aplastado los cerebros de los burgueses en 1848. Sin embargo, una carta del 5 de marzo de 1852 dirigida a Joseph Weydemeyer revelaba que sus concepciones sobre el futuro estaban ya plenamente desarrolladas cuando sostenía que la lucha de clases conduce necesariamente a la *dictadura del proletariado* y que esta dictadura «solo representa la transición hacia la *abolición de todas las clases* y hacia una *sociedad sin clases*». Son las ideas básicas que repetirá en su crítica al programa socialdemócrata en 1875 y que Lenin introducirá en la revolución rusa de 1917. Era evidente que el proletariado que había de implantar la «sociedad sin clases» todavía no existía. Esto explica que el *Manifiesto comunista* de 1848 permaneciese durante mucho tiempo como un documento olvidado. Tras quedar desmentido en sus previsiones a corto plazo, lo que hacía referencia al largo plazo quedó en la sombra hasta que, en un clima social nuevo, del que nacieron la Primera Internacional y la experiencia de la Comuna de París, dio nueva vida a unas perspectivas más ambiciosas.

Marx se pasó estos años oscuros estudiando la realidad del capitalismo mientras redactaba *El capital.* Vivía en Londres en una situación próxima a la miseria, ayudado a veces por Engels, y sufriendo una dolorosa enfermedad, el carbunco. El primer volumen de *El capital* apareció impreso en 1867,* cuando Marx se había integrado ya en el consejo general de la Asociación Internacional de los Trabajadores, la Primera Internacional, fundada en 1864. A partir de este momento se convertiría en una figura conocida universalmente, y el *Manifiesto* se reeditaría y traduciría.[14]

* De la validez del trabajo realizado en su análisis del capitalismo da buena idea la vigencia que conserva hoy, a los ciento cincuenta años de su publicación, cuando sigue siendo reivindicado como instrumento para el estudio de la realidad presente.

La invención de la fábrica

Mientras la revolución burguesa culminaba el triunfo del nuevo orden político de los propietarios, el capitalismo consolidaba su poder con la expansión de la fábrica y el arrinconamiento gradual de los oficios. En sus orígenes, el progreso industrial fue, como hemos visto, territorio del artesano y del menestral, de la producción doméstica y de la pequeña manufactura, y las invenciones que transformaron inicialmente dicha producción empezaron siendo artefactos sencillos, ideados para favorecer la manufactura doméstica. Uno de los elementos definitorios de esta etapa sería precisamente el de sacar el máximo provecho del trabajo familiar en beneficio especialmente de los productores individuales. Lejos del mito de la aportación supuestamente fundamental de la máquina de vapor, que Von Tunzelman desmitificó en un trabajo de historia cuantitativa.[15]

La fábrica apareció en Inglaterra en torno a 1720, vinculada a la producción de tejidos de seda, pero se desarrolló sobre todo al ser adoptada en la producción textil algodonera, que pudo expandirse rápidamente a consecuencia de la disponibilidad de la fibra de algodón que producían las plantaciones de esclavos. La mejora de la tecnología del hilado permitió a Richard Arkwright construir una fábrica de hilado hacia los años setenta, que primero funcionaba utilizando la fuerza de los caballos y después la del agua. Estaba ubicada en Nottingham y contaba con 300 trabajadores. A esta le seguiría New Lanark, en Escocia, que Arkwright ayudó a construir y que gestionaron Robert Owen y sus socios, con unos 1.700 trabajadores en 1816.

La fábrica no nacía por razones de eficacia tecnológica, sino para asegurar al patrón el control sobre la fuerza de trabajo y facilitarle la obtención de un mayor excedente. Su principal función, como asegura Andrew Ure, era entrenar a los seres humanos para acostumbrarlos a unos hábitos de trabajo regulares. Una disciplina que se empezó a aplicar a los niños reclutados por la fuerza para trabajar en la hilatura.* Marx, que

* La tesis de Allen, que sostiene que los avances tecnológicos que transformaron la hilatura solo podían desarrollarse en Gran Bretaña, ante la necesidad de hacer frente a unos salarios elevados que habrían mermado competitividad a sus productos, ha sido criticada por Jane Humphries, que estudió el papel del trabajo de los niños en la

conocía los testimonios de la época, denunció la forma en que se produjo «un gran rapto de niños digno de Herodes», que culminó en la captura y esclavización en masa de niños abandonados:

> La maquinaria recientemente inventada se utilizaba en las grandes fábricas junto a los arroyos capaces de hacer girar la rueda hidráulica. De repente se requirieron miles de brazos en estos lugares, lejos de las ciudades, y precisamente Lancashire, relativamente poco poblado y yermo hasta aquellos momentos, necesitaba ahora más población. Se fue, sobre todo, en busca de dedos pequeños y ágiles.* Inmediatamente nació la costumbre de procurarse *aprendices* en las distintas *workhouses* de las parroquias de Londres, Birmingham y de otros lugares.

Miles y miles de estas pobres criaturas desamparadas, de edades comprendidas entre los 7 y los 13 o 14 años, fueron enviadas al norte y sometidas a una existencia de explotación, hambre e incluso torturas, que a veces terminaban en suicidio o asesinato.

La comisión que estudiaba el problema del trabajo infantil interrogó en junio de 1833 a Ellen Hootton. En aquellos momentos tenía diez años y había empezado a trabajar en la fábrica dos años antes, con un período previo de cinco meses de «aprendizaje» durante el cual estuvo trabajando sin cobrar. Empezaba la jornada a las 5:30 de la mañana y terminaba a las ocho de la noche, con solo dos pausas para comer. Recibía por lo menos un par de palizas semanales por parte del supervisor del trabajo del grupo de niños del que formaba parte. El resultado de estas investigaciones quedó reflejado en la *Factory Act* de 1833, que prohibía que las fábrican empleasen a niños menores de nueve años, determinaba que los de nueve a trece no trabajasen más de nueve horas diarias, y los de trece a dieciocho no más de doce horas; los niños no podían trabajar de noche y habían de disponer de dos horas para la escuela. Para vigilar la aplicación de esta ley se nombraron cuatro inspectores para todo el conjunto de la industria británica.[16]

---

industrialización y sostiene que algunas de las innovaciones tecnológicas del hilado en las fábricas estaban principalmente destinadas a facilitar el uso del trabajo de las mujeres y de los niños, que cobraban mucho menos que los hombres adultos.

* Una de las principales funciones a las que se destinaba a los niños era la de anudar los hilos de las bobinas de hilado, que se rompían a menudo.

La disciplina se extendió también a los adultos. En 1823, una ley castigaba con tres meses de prisión al obrero que dejase el trabajo sin previo aviso. De esta manera el poder del Estado ayudaba a reunir y mantener en su puesto a una fuerza de trabajo para el nuevo sistema de fábrica. Es más, no era infrecuente que el Estado y el empresario fueran lo mismo, ya que los dueños de las fábricas eran a menudo magistrados que juzgaban casos de deserción que podían concernir a sus propios trabajadores. El trabajo que no era legalmente libre tuvo un papel fundamental, no solo en el cultivo del algodón sino también en las propias fábricas durante las primeras décadas del nuevo sistema. Por esta misma razón describía Engels la opresión de los obreros como «la esclavitud más abyecta que la de los negros en América, porque están más estrechamente vigilados», puesto que la alternativa que les ofrecía el capitalismo a este trabajo de sumisión era «la libertad de morir de hambre». Desde 1792 hasta 1815, el gobierno construyó 155 cuarteles militares en las zonas industriales. «Las fábricas, dice Joshia Freeman, nacieron en un régimen político autocrático, por lo menos en lo que concierne a los trabajadores».[17]

Charles F. Sabel y Jonathan Zeitlin sostienen que había diversas vías de progreso industrial que no pasaban necesariamente por la fábrica. Por esto proponen abandonar el viejo relato que contraponía un antiguo régimen de control gremial y producción manual doméstica con una modernidad marcada por la libertad de mercado, la mecanización y la fábrica, y reemplazarlo por otro alternativo que define la etapa final del Antiguo Régimen como una era de «modernización de la tradición», que hacía posible la mecanización y el progreso tecnológico dentro del marco institucional vigente. Esta definición fue sustituida, desde mediados del siglo XIX hasta la Primera Guerra Mundial, por una etapa de «batalla de los sistemas», que vería la coexistencia de una industrialización de fábrica con empresas integradas verticalmente que utilizaban sus costosos equipamientos para producir objetos estandarizados, y otra de unidades menores, capaces de cooperar entre sí en un marco de instituciones y reglas que aseguraban la colaboración, orientada hacia una especialización flexible, como la de la seda de Lyon, la de los cuchillos de Solingen o la de los relojes suizos.[18]

El debate del nivel de vida

La desmitificación fundamental de la versión épica de la revolución de fábrica se pone de manifiesto en los efectos que ha tenido sobre la población trabajadora. A partir de las primeras décadas del siglo XIX se empezaron a publicar trabajos que denunciaban el empobrecimiento de la vida de los obreros industriales basándose en las mediciones de estatura acumuladas por el reclutamiento militar. En 1829 Villermé publicó una *Mémoire sur la taille de l'homme en France* en la que sostenía que «las condiciones que establecen el bienestar o la miseria determinan *en parte* la estatura de nuestro cuerpo», y daba ejemplos de la mengua que se había registrado en las quintas entre 1816 y 1827. Uno de los clásicos en el estudio de la pobreza, Eugène Buret, escribía en 1840: «Tenemos en Francia un medio exacto y oficial de constatar los efectos físicos de la miseria en las poblaciones trabajadoras: los resultados del reclutamiento militar», y se valía de estos datos para asegurar que la estatura media de los muchachos de las quintas había ido menguando gradualmente, sobre todo entre la población trabajadora urbana.[19]

El tema se retomó un siglo más tarde en términos de debate sobre el nivel de vida de los trabajadores durante la revolución industrial, y generó una gran cantidad de estudios de erudición cuantitativa sobre salarios reales y coste de la vida que condujeron a una división total, sin posibilidad alguna de acuerdo, entre optimistas y pesimistas, que reflejaba en realidad la diversidad de las valoraciones del capitalismo. Una de las mejores síntesis es posiblemente la que lleva a cabo un pesimista como Feinstein:

> Para la mayoría de la clase obrera la realidad histórica es que tuvieron que padecer casi un siglo de durísimo esfuerzo, con muy poco o ningún progreso a partir de un punto inicial bajo, antes de poder compartir realmente algunos de los beneficios de la transformación económica que habían contribuido a crear.[20]

Pero si este debate generó dudas, la vieja tradición de los estudios de las primeras décadas del siglo XIX sobre la pobreza se ha visto renovada por la historia antropométrica, que demuestra que en la mayor parte de la Europa desarrollada ha habido una evolución negativa de los niveles de vida durante las primeras décadas del siglo XIX, por lo menos hasta los años cuarenta, dato que confirmaría que el origen de este retroceso no es tanto la industrialización como, en términos generales, el capitalismo.[21]

Así lo entendía Marx cuando sostenía que «la esclavitud oculta de los obreros en Europa» era el complemento necesario de la esclavitud abierta de las plantaciones americanas. Sobre estas dos bases se consolidó el crecimiento de la industria textil algodonera, que se mantuvo hasta casi 1900 como la rama más importante de la revolución industrial. La imagen académica tradicional de todo este proceso, la de los optimistas, se basa en la suposición de que el camino adoptado, el del desarrollo del capitalismo, era la vía necesaria para alcanzar el crecimiento económico, es decir, el progreso, y que las resistencias que se le oponían eran movimientos dilatorios que lo habrían obstaculizado. Esta teoría ignora que los contrarios a una industrialización basada en la expropiación y la esclavitud no solo no se oponían a todos los cambios, sino que hacían propuestas de mejora, como el proyecto de establecer un salario mínimo legal —aceptado por los pequeños patronos británicos, pero rechazado por los grandes empresarios industriales—, además de preocuparse por la explotación de las mujeres y los niños, el arbitraje, la prohibición de la producción de baja calidad o la legalización de los sindicatos. Ignoran, asimismo, y eso es globalmente mucho más grave, que el movimiento de los miembros de las *trade unions* y de las primeras organizaciones del movimiento obrero industrial luchaba también por una reforma electoral que proporcionase a todo el mundo el derecho de participación en el gobierno de la sociedad.[22]

El triunfo de la burguesía

La revolución de 1848 fue el final lógico y coherente del combate contra las tendencias extremas de la de 1789. En el proceso de la restauración las clases dominantes del antiguo régimen se habían mostrado incapaces de liquidar por completo la herencia de la Revolución francesa, de manera que tuvieron que introducir un conjunto de cambios que perimtiesen asociar plenamente la burguesía al control de la sociedad. Marx observó que en 1848, el miedo a la revolución, que había mostrado su aspecto más amenazador con la revuelta de junio en París,

> unificó tanto en Inglaterra como en la Europa continental a todas las fracciones de las clases dominantes, terratenientes y capitalistas, lobos de la bolsa y tenderos, proteccionistas y librecambistas, putas jóvenes y monjas viejas, bajo el grito común de salvar la propiedad, la religión, la familia, la sociedad.

El gran objetivo de la burguesía fue, a partir de aquel momento, el esfuerzo por integrar las capas populares, y en especial la de los trabajadores, en su visión de la sociedad y de la historia, que los presentaba como vencedores de una lucha contra el feudalismo que los burgueses habrían librado en provecho de todos. La consecuencia más dramática de este engaño fue la que condujo al movimiento obrero, durante mucho tiempo, a creer en la vocación revolucionaria de la burguesía, cosa que comportó que los sindicatos peleasen por mejores condiciones de trabajo y salarios, renunciando a plantearse la transformación de la sociedad. Hasta que, como dijo Walter Banjamin:

> La *Commune* pondrá fin a la fantasmagoría que domina las primeras aspiraciones del proletariado. Gracias a ella, la ilusión de que la tarea de la revolución proletaria sería la de acabar la obra de 1789 en estrecha colaboración con la burguesía se disipa como una aparición. Esta quimera domina la época que abarca desde 1831 a 1871, de la insurrección de Lyon a la *Commune*. La burguesía nunca ha compartido semejante error. Su lucha contra los derechos sociales empieza desde la revolución del 89 y coincide con el movimiento filantrópico que la oculta [...]. Junto a esta posición encubierta de la filantropía, la burguesía ha asumido sempre la posición franca de la lucha de clases. Desde 1831 reconoce en el *Journal des débats*: «Todo manufacturero vive en su manufactura como los propietarios de una plantación entre sus esclavos».[23]

Paralelamente, la burguesía impondría su hegemonía cultural sobre el conjunto de la sociedad, con una concepción mecanicista del progreso basada en el determinismo cósmico de Laplace, que sostenía que el conocimiento de las leyes que regían el universo nos permitiría algún día predecir el comportamiento de todos sus componentes. Esta concepción se traspasó al terreno humano a medida que el uso de las estadísticas sociales llevó a pensar en la existencia de regularidades que se comportaban como leyes. Du Bois-Reymond escribía en 1872 que quien pudiera conocer por unos momentos la posición, dirección y velocidad de todos los átomos del universo podría predecir los acontecimientos futuros de la historia de la humanidad. Una visión que se consolidaría con la teoría evolucionista elaborada a partir de Darwin, Huxley y Wallace, que «ha popularizado la idea de que el progreso se realizaba automáticamente». Su aplicación a la sociedad por parte de Spencer, que interpretaba la lucha por la supervivencia como un mecanismo esencial del progreso, legitimaría los aspectos más depredadores del capitalismo.

El determinismo ha sido hasta la actualidad la base del pensamiento del capitalismo: la idea de que todo ha sucedido de la única manera que podía suceder y de que, como decía la señora Thatcher, «no hay alternativa».[24] De esta misma base nacería una reinterpretación de la historia que dividía su curso en tres etapas, conforme a los progresos de la tecnología: la primitiva del hombre cazador-recolector, la milenaria que surgiría de la «revolución neolítica», con el inicio de la agricultura, la urbanización y los elementos culturales de lo que llamamos «civilización», y finalmente, desde las últimas décadas del siglo XVIII, la que da comienzo con la «revolución industrial», que ha dotado a la humanidad de una capacidad extraordinaria de producción de bienes.*

El concepto mismo de revolución industrial nació en Francia a principios del siglo XIX, en un intento por comparar las evoluciones de Francia e Inglaterra. Pero sería sobre todo W. W. Rostow quien, en 1960 y en un libro que se presentaba como un «manifiesto no-comunista», elevaría esta visión positiva de la revolución industrial británica a modelo infalible para aquellos países a los que la adopción de las reglas del capitalismo liberal garantizaría la seguridad del *take-off* o despegue hacia el crecimiento económico y el progreso.[25] Con esta visión podía ocultarse el papel que había tenido en todo este proceso el desarrollo del capitalismo y el trasfondo social de una historia harto compleja de ganadores y perdedores.

* La valoración del paso a la agricultura como progreso hace tiempo que se discute. Un ejemplo reciente nos lo ofrece el libro de James C. Scott, *Against the Grain*, New Haven, Yale University Press, 2017.

Epílogo

UNA REFLEXIÓN SOBRE LA VISIBILIDAD HISTÓRICA DEL CAPITALISMO

Lo que he intentado con este ejercicio de crítica histórica es sacar a la luz la trama oculta de las políticas encaminadas a favorecer el desarrollo del capitalismo que el relato académico olvida en su narración global de los acontecimientos de una época fundamental del pasado. Un desarrollo basado, inicialmente, en arrebatar la tierra y los recursos naturales a quienes los utilizaban comunalmente y en liquidar las reglamentaciones colectivas de los trabajadores de oficio con el propósitro de poder someterlos a nuevas reglas que hiciesen posible la expropiación de gran parte del fruto de su trabajo. Todo eso, además, y este es un punto fundamental, no se produjo como consecuencia «natural» de la evolución de la economía, sino que se impuso desde los gobiernos, mediante el establecimiento de leyes y regulaciones que favorecían los intereses de los expropiadores y defendiendo su aplicación con medios de represión.

Las grandes pugnas políticas a las que hemos asistido entre 1814 y 1848 tenían como objetivo fundamental garantizar el poder a los propietarios. Los cambios que se fueron produciendo a lo largo de estos años iban hacia la creación de estructuras de gobierno más eficaces, que asegurasen la capacidad de mantener a las masas, es decir, a los pobres, lejos del poder. La prueba de que la defensa de la propiedad era un objetivo fundamental, más allá de las diferencias políticas, se evidencia en la reacción de unos y otros en momentos de peligro. Como dijo un periódico de París cuando la revolución de 1830 amenazaba con ir más lejos de lo que convenía: «Cuando la propiedad está amenazada, no hay opiniones políticas; no hay diferencias entre gobierno y oposición».

Sin embargo, la actividad política de los dirigentes europeos no iba encaminada solamente a la defensa de la amenazas subversivas, sino que una de sus funciones más importantes en aquellos años era la de imponer los cambios que exigía el desarrollo del capitalismo, a costa del bienestar de la gran masa de los de abajo. Fue la época en que en Inglaterra culminaba el gran «robo de clase» de las *enclosures*, que privatizó gran parte de las tierras comunales y condenó a miles de campesinos a abandonar el cultivo y a proletarizarse. Los ritmos de este mismo proceso en el resto de Europa fueron más tardíos y en ocasiones adoptaron formas diferentes, pero la evolución iba en el mismo sentido. Su objetivo, diría Marx, aparte de obtener beneficio de las tierras que les arrebataban, era forzar a los campesinos al «sistema de trabajo asalariado». Se quiso legitimar esta expropiación con el mito de la «tragedia de los comunes», que sostenía que su destrucción había sido necesaria para garantizar el progreso, contra el que ha habido que reaccionar con la recuperación de la lógica de la acción colectiva, en la línea de los trabajos de Elinor Ostrom.[1]

También las leyes han conducido a la expropiación de los productores individuales, es decir, a la disolución de la producción industrial basada en el trabajo propio, realizada a través de la anulación de los reglamentos de oficio y de la lucha contra la sindicalización, mediante una política destinada a asegurar el triunfo de la fábrica y la destrucción de las formas alternativas de organizar la producción. Todas estas leyes que favorecieron la usurpación de la tierra y del trabajo de los de abajo no encuentran la resonancia adecuada dentro de un relato académico que, al abordar aquellos años, habla sobre todo, y como argumento fundamental, de la defensa de la libertad y la conquista de la democracia, en una evolución que habría culminado en el triunfo de la burguesía.

El progreso imparable del capitalismo, que el desarrollo del movimiento obrero frenó desde las últimas décadas del siglo XIX, con la *Commune* como espantajo, y que pareció detenerse entre 1917 y 1975, a consecuencia del miedo engendrado por la revolución soviética de

1917, se ha desatado de nuevo a partir de las últimas décadas del siglo XX y prosigue en el siglo XXI, en una evolución que nos recuerda la que se desencadenó entre 1814 y 1848, pero ahora con una ambición mayor. Es verdad que, como dice el economista indio C. P. Chandrasekhar, la crisis de 2008, seguida de una década de crecimiento inseguro y desigualdad creciente, ponen al descubierto la ilegitimidad del movimiento neoliberal dominante, atacado por una izquierda debilitada y, más eficazmente, por una extrema derecha que ha descubierto la importancia de contar con el apoyo de los perjudicados para hacerse con el poder. Sin embargo, la realidad es que el ascenso de un capitalismo depredador sigue imparable.[2]

En cuanto al control sobre la fuerza de trabajo, el primer objetivo ha sido recuperar el dominio total sobre los trabajadores. Se procedió a debilitar la capacidad negociadora de los sindicatos mediante una actuación iniciada en la década de 1970 por Ronald Reagan y Margaret Thatcher, que ha seguido avanzando hasta dejar a los obreros totalmente desprotegidos y que ha incidido directamente sobre el aumento de la desigualdad.[3] Los resultados de esta evolución se pueden ilustrar echando una ojeada a a la situación actual de los trabajadores de los Estados Unidos, en unos momentos en que la economía muestra signos de prosperidad y que las cifras de paro están en mínimos, sin que esto haya comportado, como sostenían tradicionalmente los economistas, un aumento de salarios. Este escenario explica índices tan perturbadores respecto a la «recuperación» como el que sostiene que la inseguridad en la alimentación de los niños es todavía mayor que antes de la recesión, o la afirmación de que casi la mitad de los norteamericanos rozan el umbral de la pobreza.

Por otro lado, los salarios no han respondido tampoco al espectacular aumento de la productividad desde finales de la década de los años setenta. Jared Bernstein denuncia que la falta de crecimiento tiene una única causa: que el poder de negociación de los trabajadores está en su punto más bajo desde hace décadas. «La nómina del trabajador refleja su fuerza, y ambos son demasiado bajos.»[4]

El Banco Mundial ha decidido dedicar el *World Development Record* del año 2019 al futuro del trabajo, por lo que sabemos, con la idea de defender la reducción del salario mínimo, la eliminación de las regulaciones actuales del trabajo, la liberación de los patronos de la obligación de contribuir a la seguridad social de los trabajadores, etc.[5] Sin embargo, esta es una imagen construida sobre lo que podríamos llamar trabajo regulado, pero hay una gran parte, cada vez mayor, que está al margen de esta situación, en condiciones a menudo desastrosas. Un reportaje publicado en el *New York Times* en diciembre de 2017 denunciaba la existencia en Europa de unas 55.000 agencias que proporcionan a las empresas centenares de miles de trabajadores para realizar labores manuales o de servicios, con salarios de tan solo 3,50 € la hora y contratos de corta duración, a cuyo término son sencillamente despedidos. La cuestión es de tal magnitud que se calculaba que un tercio de los trabajadores europeos estaban en situaciones irregulares que no les garantizaban los derechos fundamentales que ofrece la seguridad social.

En los Estados Unidos la amenaza más importante era, al parecer, la de la *gig economy*, una situación en la que la mayor parte del trabajo la realizan operarios independientes contratados, que no tienen acceso a los servicios sociales. El suicidio de algunos de ellos, en especial chóferes, explica que Chris Hedges proclame que «la *gig economy* es el nuevo término para designar la servidumbre». Se pronosticaba que hacia el año 2020, un 40 % de los trabajadores norteamericanos serían «contratistas independientes», pero los intentos más recientes por evaluarlos no parecen claros. Un estudio de la NBER considera que más que una nueva forma de relaciones la *gig economy* es solo «una economía capitalista con sus violentos descalabros y continuas dislocaciones, en la que ni la ocupación ni los ingresos estarán nunca asegurados».[6]

Un cuadro reforzado por el aumento de la represión. Desde los años setenta del siglo XX, al inicio del nuevo giro del capitalismo depredador, la población encarcelada en los Estados Unidos, que desde 1920 se mantenía estable, se ha más que cuadruplicado y en la actualidad asciende a 2,3 millones: la mayor del mundo (una cuarta parte de todos los presos del mundo). Sin olvidar a los 4,5 millones que están bajo alguna forma de libertad condicional. Estos constituyen una masa de gente pobre, con predominio de los afroamericanos (cino veces la tasa de los blancos), forzada en algunos estados a trabajar sin recibir compensación alguna, que se encuentra entrampada por una carga de deudas engrosada por las multas y las fianzas, de la que nunca conseguirá liberarse.[7]

La regla de oro del capitalismo sigue siendo hoy en día, como a principios del siglo XIX, favorecer una expropiación creciente de los beneficios que produce el trabajo de los obreros a costa no solo de su nivel de vida, sino también de sus derechos y libertades. Asimismo, las consecuencias de la actividad del capitalismo las experimenta toda la sociedad. Hay una auténtica industria intelectual que promueve la idea de que todo va cada vez mejor en un mundo en progreso, pero el diagnóstico que aparece cuando se examina una sociedad como la norteamericana, que es la que alimenta precisamente esta teoría, no puede ser más estremecedor: «El sexo y las drogas disminuyen entre los jóvenes —los *teens*— pero la depresión y los pensamientos suicidas aumentan.»[8]

No obstante, el aspecto quizás más espectacular de esta reconquista del poder del capitalismo es el que hace referencia a la usurpación en el mundo campesino de la tierra y de los recursos naturales, especialmente del agua, en un mundo en que los proyectos de eliminación de la pobreza han fracasado y en el que hay unos 642 millones de personas, el 8 % de la población mundial, que viven en una pobreza extrema.[9]

Lo que en los siglos XVIII y XIX se llevó a cabo en Europa con la privatización de los bienes comunales como medida más importante ha tomado ahora una dimensión mundial, con un gran esfuerzo por arrebatar las tierras y los recursos al mundo campesino de los países donde no ha triunfado íntegramente el capitalismo y donde sobreviven formas de propiedad diferentes. El mundo de los agricultores autónomos, que en muchos países se identifica con el de los indígenas, ha sufrido durante muchos años el asalto de las políticas «liberalizadoras» que desde 1994 promueve la Organización Mundial del Comercio (OMC, o WTO en inglés), mediante una actuación destinada a favorecer a los países desarrollados y a las grandes empresas.[10]

Sin embargo, el peor y más grave de los asaltos es aquel cuyo objetivo consiste en arrebatar la tierra a quienes la trabajan valiéndose de la indefinición de las reglas tradicionales de propiedad en el contexto de las más formalizadas del capitalismo. El tema del *landgrabbing*, la usurpación de tierras, fue denunciado por primera vez por la organización GRAIN, que en 2008 publicó un primer informe global en el que sacaba a la luz un centenar de casos de operaciones en las que los gobiernos, principalmente africanos, pero también del sudeste asiático y de América Latina, habían hecho concesiones a empresas extranjeras de grandes extensiones de tierras que normalmente eran cultivadas por campesinos locales.

Un nuevo informe de GRAIN de 2016 pone de manifiesto que en la actualidad hay en marcha una serie de nuevas operaciones, bien planificadas y con perspectivas de duración, destinadas a desarrollar proyectos de agricultura industrial. Según diversas estimaciones de organizaciones internacionales (Oxfam, International Land Commission, etc.), millones de hectáreas de tierra cultivable han sido usurpadas a lo largo de estos últimos años a pequeños y medianos cultivadores.[11] A este expolio hay que añadir además el del agua, destinada a explotaciones mineras, al aprovechamiento para el consumo embotellado o para usos industriales, como la producción de electricidad. Esta situación ha dado lugar a una guerra abierta de los intereses de las grandes empresas internacionales, aliadas con los gobiernos locales para liquidar la resistencia de los campesinos, llevada a cabo muy a menudo a través del asesinato de sus dirigentes mediante operaciones encubiertas toleradas por las autoridades. Este es precisamente el caso de Honduras, cuya víctima más significativa es Berta Cáceres, dirigente del COPINH (Consejo de Organizaciones Populares e Indígenas de Honduras), asesinada el 3 de marzo de 2016 como consecuencia de su campaña contra la central hidroeléctrica de Agua Zarca. Desde el golpe militar de 2009 ha habido en Honduras 123 muertes violentas de «activistas» campesinos, mientras tropas de operaciones especiales financiadas y preparadas por los Estados Unidos colaboran en la violenta represión de las protestas.[12]

Esta clase de asesinatos se producen también en Brasil, Colombia (donde la ONU denuncia que en 2017 fueron asesinados 105 activistas), Guatemala y otros países, pero aparecen en los medios de comunicación como pequeñas noticias de delincuencia local o falsas acusaciones de represión de la guerrilla, y nos ocultan la realidad de una guerra global del capitalismo contra los pequeños campesinos.[13]

Cuando seguimos la evolución cotidiana de la política y de la economía a través de las informaciones que nos proporcionan los medios de comunicación o de los comentarios y estudios de los especialistas en el análisis de la actualidad adquirimos una imagen global de un mundo en el que lo importante son los actos de Trump o de Putin, el Brexit o las dificultades para formar gobierno en Italia. Acontecimientos que deberían ser tan reveladores de la crisis profunda del sistema como la huida en masa de africanos que se juegan la vida cruzando el Mediterráneo para escapar del hambre, quedan relegados a la categoría de incidentes aislados, que no encajan en el marco global de esta historia acomodaticia del presente.

Lo mismo ocurre con un fenómeno tan decisivo como el aumento constante de la desigualdad en las sociedades del mundo desarrollado. Los hechos demuestran que los gobiernos siguen apoyando políticas que favorecen el enriquecimiento de una minoría, como evidencia la reforma de los impuestos llevada a cabo por Trump en los Estados Unidos o la tolerancia que practican en Europa gobiernos dominados por los intereses de las grandes empresas financieras que aceptan convivir con formas de evasión fiscal que se practican en países como Suiza, Holanda o Irlanda, a los que nadie se atreve a denunciar como «paraísos fiscales». Nos conviene reflexionar sobre estas cosas en un tiempo en que, como dice David Leonhardt, «los titulares de los periódicos pueden hablar de crecimiento, pero estamos viviendo en una era económica oscura», con un estancamiento parecido al de la Gran Depresión.[14]

Puesto que esta historia del presente que nos ofrecen los medios no tiene por objetivo central la suerte de las capas populares y de los trabajadores del mundo desarrollado, ni la de los campesinos del «sur global», he pensado que podía resultar útil recuperar la historia del nacimiento de este sistema para instruirnos en la búsqueda de las grandes líneas que nos muestran la evolución del capitalismo actual, que es lo que verdaderamente amenaza el futuro de nuestras sociedades y de nuestras vidas.

NOTAS

Prefacio

1. William I. Robinson, *Global Capitalism and the Crisis of Humanity*, Nueva York, Cambridge University Press, 2014, pp. 237-238.

Capítulo 1. Un mundo en proceso de cambio

1. Geoffrey Parker, *Global Crisis. War, Climate Change and Catastrophe in the Seventeenth Century*, New Haven, Yale University Press, 2013.

2. Paul Bairoch, ed., *Disparities in Economic Development since the Industrial Revolution*, Basingstoke, Macmillan, 1981; Kenneth Pomeranz, *The Great Divergence. China, Europe and the Making of the Modern World Economy*, Princeton, Princeton University Press, 2000; Jeffery G. Williamson, *Comercio y pobreza. Cuándo y cómo comenzó el atraso del Tercer Mundo*, Barcelona, Crítica, 2012. Una síntesis del problema en Josep Fontana, «La primacía de Europa», en Francisco Comín, Ricardo Hernández, Javier Moreno, eds., *Instituciones políticas, Comportamientos sociales y atraso económico en España (1580-2000). Homenaje a Ángel García Sanz*, Salamanca, Ediciones Universidad de Salamanca, 2016, pp. 19-28.

3. Carlos Sempat Assadourian, «La producción de la mercancía dinero en la formación del mercado interno colonial. El espacio peruano, siglo xvi», en E. Florescano, ed., *Ensayos sobre el desarrollo económico de México y América Latina (1500-1975)*, México, F.C.E., 1979, pp. 223-292; Enrique Tandeter, *Coacción y mercado: la minería de la plata en el Potosí colonial, 1692-1826*, Cuzco, Centro de Estudios Regionales Andinos Bartolomé de las Casas, 1992.

4. Sobre las armas de Oriente y Occidente, Tonio Andrade, *La edad de la pólvora. Las armas de fuego en la historia del mundo*, Barcelona, Crítica, 2017. Una visión comparada de la evolución de las marinas europeas y asiáticas en Lincoln Paine, *The Sea and Civilization. A Maritime History of the World*, Londres, Atlantic Books, 2015, que muestra la historia vista desde el otro lado, es decir, la escasa relevancia que tuvo la llegada de los europeos para los contemporáneos asiáticos; Geoffrey C. Gunn, *First Globalization. The Eurasian Exchange, 1500-1800*, Lanham, Rowan and Littlefield, 2003.

5. Vitorino Magalhâes Godinho, *Os descobrimentos e a economía mundial*, Lisboa, Arcádia, 1963-1965; Sanjay Subrahmanyam y Luis Filipe E. R. Thomaz, «Evolution of Empire: the Portuguese in the Indian Ocean during the Sixteenth Century», en James D. Tracy, ed., *The Political Economy of Merchant Empires*, Cambridge, Cambridge University Press, 1997, pp. 298-331; Romain Bertrand, *L'histoire à parts égales*, París, Seuil, 2011, pp. 139-170.

6. Oscar Gelderblom, *Cities of Commerce. The Institutional Foundations of International Trade in the Low Countries, 1250-1650*, Princeton, Princeton University Press, 2011; Oscar Gelderblom, ed., *The Political Economy of the Dutch Republic*, Farnham, Ashgate, 2009; Jonathan I. Israel, *The Dutch Republic: Its Rise, Greatness, and Fall, 1477-1806*, Oxford, Clarendon Press, 1995. La cita que comparaba los holandeses con las moscas, en Romain Bertrand, *L'histoire à parts égales*, *op. cit.*, p. 449.

7. Kenneth McPherson, *The Indian Ocean. A History of People and the Sea*, Delhi, Oxford University Press, 1993, considera que la expansión real del tráfico la llevarían a cabo sobre todo los comerciantes y que las compañías fueron más bien un estorbo, contradiciendo así la visión más simplista de Daron Acemoglu, Simon Johnson y James Robinson, «The Rise of Europe: Atlantic Trade, Institutional Change, and Economic Growth», en *American Economic Review*, 2005, 3, pp. 546-579.

8. Andrew Lambert, *Seapower States. Maritime Culture, Continental Empires, and the Conflict That Made the Modern World*, New Haven, Yale University Press, 2018; McPherson, *The Indian Ocean*, *op. cit.*, pp. 175-187 y 200-216; John Keay, *The Honourable Company. A History of the English East India Company*, Londres, Harper Collins, 1993; Thirthankar Roy, *The East India Company. The World's Most Powerful Corporation*, Haryana, India, Portfolio-Penguin, 2016; Nick Robins, *The Corporation That Changed the World*, Londres, Pluto Press, 2012; Robert Brenner, *Merchants and Revolution. Commercial Change, Political Conflict, and London Over-*

seas Traders, Cambridge, Cambridge University Press, 1993; Bruce G. Carruthers, *City of Capital. Politics and Markets in the English Financial Revolution*, Princeton, Princeton University Press, 1999, pp. 146-151; Maxine Berg, *Luxury and Pleasure in Eighteenth-Century Britain*, Oxford, Oxford University Press, 2007, pp. 46-84; Nuala Zahedie, *The Capital and the Colonies. London and the Atlantic Economy, 1660-1700*, Nueva York, Cambridge University Press, 2010; Geoffrey Parker, *La revolución militar. Las innovaciones militares y el apogeo de Occidente, 1500-1800,* Barcelona, Crítica, 1990, pp. 180-184; Phillip T. Hoffman, *¿Por qué Europa conquistó el mundo?*, Barcelona, Crítica, 2016; Priya Satia, *Empire of Guns. The Violent Making of the Industrial Revolution,* Nueva York, Penguin, 2018.

9. Edmond Dzienbowski, *La Guerre de sept ans*, París, Perrin, 2018; Matt Schumann y Karl Schweizer, *The Seven Years War: a Transatlantic History*, Londres, Routledge, 2008; Mark J. Danley y Patrick J. Speelman, eds., *The Seven Years War: Global Views*, Leiden, Brill, 2012; Robins, *The Corporation That Changed the World*; Nicholas B. Dirks, *The Scandal of Empire. India and the Creation of Imperial Britain*, Cambridge, Mass., Belknap Press, 2006; Maya Jasdanoff, *Edge of Empire. Conquest and Collecting in the East, 1750-1859*, Londres, Fourth Estate, 2005; Ranahit Guha, *Una ley agraria para Bengala. Los comienzos de la dominación británica en la India*, Madrid, Traficantes de Sueños, 2017; Alex de Waal, *Mass Starvation, The History and Future of Famine*, Cambridge, Polity, 2018, pp. 41-44; Priya Satia, *Empire of Guns*, *op. cit.*, p. 171.

10. Marcus Rediker, *Between the Devil and the Deep Blue Sea: Merchant Seamen, Pirates, and the Anglo-American Maritime World, 1700-1750*, Cambridge, Cambridge University Press, 1987, y *Villains of All Nations: Atlantic Pirates in the Golden Age*, Londres, Verso, 2004.

11. Peter Linebaugh y Marcus Rediker, *La hidra de la revolución. Marineros, esclavos y campesinos en la historia oculta del Atlántico*, Barcelona, Crítica, 2005.

12. Erika Rappaport, *A Thirst for Empire. How Tea Shaped the Modern World*, Princeton, Princeton University Press, 2017; Maxine Berg, *Luxury and Pleasure in Eighteenth-Century Britain*, Oxford, Oxford Univerity Press, 2007, pp. 75-76.

13. Montesquieu, *De l'esprit des lois*, XV, 5. Una espléndida síntesis de la evolución de la caña de azúcar, desde sus orígenes en Nueva Guinea hasta su llegada a las islas del Caribe, se puede encontrar en Francisco Moscoso, *Orígenes y cultura de la caña de azúcar. De Nueva Guinea a las islas del Atlántico*, Río Piedras, Publicaciones Gaviota, 2017.

14. José Luciano Franco, *Historia de la revolución de Haití*, La Habana, Instituto de Historia, 1966; Franklin W. Knight, «The Haitian revolution» en *American Historical Review*, 105 (2000), n.º 1, pp. 103-115.

15. David Hancock, *Citizens of the World: London Merchants and the Integration of the British Atlantic Community, 1735-1785*, Cambridge, Cambridge University Press, 1995. Sobre la historia de la isla de Bunce, convertida hoy en lugar de memoria y visitado por afroamericanos, véase David Olusoga, *Black and British. A Forgotten History*, Londres, Pan Macmillan, 2017, pp. 1-28. E. P. Thompson, *La formación de la clase obrera en Inglaterra*, Barcelona, Crítica, 1989, I, p. 52.

16. Nick Robins, *The Corporation That Changed the World*; Nicholas B. Dirks, *The Scandal of Empire. India and the Creation of Imperial Britain*, Cambridge, Mass., Belknap Press, 2006; Maya Jasdanoff, *Edge of Empire. Conquest and Collecting in the East, 1750-1859*, Londres, Fourth Estate, 2005.

17. Marcel Mazoyer y Laurence Boudart, *A History of World Agriculture, from the Neolithic Age to the Current Crisis*, Londres, Earthscan, 2006, pp. 313-329; Gonzalo Pontón, *La lucha por la desigualdad*, pp. 71-148, «El fundamento de la opulencia». Sobre Gran Bretaña, E. L. Jones, «Agriculture and Economic Growth in England, 1660-1750: Agricultural Change», en *Journal of Economic History*, 25 (1965), n.º 1, pp. 1-18, «Agricultural Origins of Industry", en *Past and Present*, n.º 40 (1968), pp, 58-71; E. L. Jones, ed., *Agriculture and Economic Growth in England, 1650-1815*, Londres, Methuen, 1967; J. A. Yelling, *Common Field and Enclosure in England, 1450-1950*, Londres, Macmillan, 1977; Robert C. Allen, *Revolución en los campos: la reinterpretación de la revolución agrícola inglesa*, Zaragoza, Prensas Universitarias, 2004; J. M. Neeson, *Commoners. Common Right, Enclosure and Social Change in Common-field England, 1700-1820*, Cambridge, Cambridge University Press, 1993; K. D. M. Snell, *Annals of the Labouring Poor. Social Change and Agrarian England, 1660-1900*, Cambridge, Cambridge University Press, 1987, pp. 138-227, «Enclosure and Employment: the Social Consequences of Enclosure»; William Cobbett, «The Scandal of Enclosures», en John Derry, ed., *Cobbett's England*, Londres, Parkgate Books, 1997, pp. 207-215.

18. Philip T. Hoffman, *Growth in a Traditional Society. The French Countryside, 1450-1815*, Princeton, Princeton University Press, 1996; Jean-Marc Moriceau, *Les fermiers de l'Île-de-France. L'ascension d'un patronat agricole, XVᵉ-XVIIIᵉ siècle*, París, Fayard, 1994; Pierre de Saint Jacob, *Les paysans de la Bourgogne du Nord au dernier siècle de l'Ancien Régime*,

Rennes, Association d'histoire des sociétés rurales, 1995; John Markoff, *The Abolition of Feudalism. Peasants, Lords and Legislators in the French Revolution*, University Park, The Pennsylvania State University Press, 1996.

19. Lynn T. White, *Tecnología medieval y cambio social*, Barcelona, Paidós, 1973; B. Cotterell y J. Kamminga, *Mechanics of Pre-Industrial Technology*, Cambridge, Cambridge University Press, 1990; Walter Endrei, *L'évolution des techniques du filage et du tissage du moyen âge à la révolution industrielle*, París, Mouton, 1968; Terry S. Reynolds, *Stronger Than a Hundred Men. A History of the Vertical Water Wheel*, Baltimore, The Johns Hopkins University Press, 1983.

20. Los planteamientos iniciales pueden consultarse en F. Mendels, «Proto-Industrialization: the First Phase of the Industrialization Process», en *Journal of Economic History*, XXXII (1972), n.º 1, pp. 241-261 y el primer estudio global en P. Kriedte, H. Medick y J. Schlumbohm, *Industrialización antes de la industrialización*, Barcelona, Crítica, 1986. Una guía sobre la bibliografía del tema se puede encontrar en Sheilagh C. Ogilvie y Markus Cerman, eds., *European Proto-Industrialization*, Cambridge, Cambridge University Press, 1996; Gwynne Lewis, «Proto-Industrialization in France», en *Economic History Review*, 47 (1994) 1, pp. 150-164. En relación a estos planteamientos Sidney Pollard ha destacado la «regionalización» del desarrollo industrial: *Peaceful conquest* (1981), con traducción al castellano: *La conquista pacífica. La industrialización de Europa, 1760-1970*, Zaragoza, Universidad de Zaragoza, 1991 y *Marginal Europe: The Contribution of Marginal Lands Since the Middle Ages*, Oxford, Clarendon Press, 1997. Pat Hudson, «The Regional Perspective», en Pat Hudson, ed., *Regions and Industries. A Perspective on the Industrial Revolution*, Cambridge, Cambridge University Press, 1990, pp. 5-38. Jaume Torras, *Fabricantes sin fábrica*, Barcelona, Crítica, 2018. Sobre la «revolución industriosa», J. De Vries, «The Industrial Revolution and the Industrious Revolution», en *Journal of Economic History*, 54 (1994), pp. 249-270, *La revolución industriosa: consumo y economía doméstica desde 1650 hasta el presente*, Barcelona, Crítica, 2009, *La urbanización de Europa, 1500-1800*, Barcelona, Crítica, 1987; R. C. Allen y J. L. Weisdorf, «Was There an "Industrious Revolution" Before the Industrial Revolution? An Empirical Exercise for England, c.1300-1830», en *Economic History Review*, 64 (2011), 3, pp. 715-729.

21. Neill McKendrick, John Brewer y J. H. Plumb, *The Birth of a Consumer Society. The Commercialization of Eighteenth-Century England*, Londres, Hutchinson, 1983; Lorna Weatherill, *Consumer Behaviour and Material Culture in Britain, 1660-1760*, Londres, Routledge, 1988; C. Shamas,

The Pre-Industrial Consumer in England and America, Oxford, Clarendon Press, 1990; M. Berg, ed., *Mercados y manufacturas en Europa*, Barcelona, Crítica, 1995; J. Brewer y R. Porter, eds., *Consumption and the World of Goods*, Londres, Routledge, 1993; Peter N. Stearns, «Stages of Consumerism: Recent Work on the Issues of Periodization», en *Journal of Modern History*, 69 (marzo 1997), pp. 102-117; Beverly Lemire, *Dress, Culture and Commerce. The English Clothing Trade Before the Factories, 1660-1800*, Londres, Macmillan, 1997; Maxine Berg, «From Imitation to Invention: Creating Commodities in Eighteenth Century Britain», en *Economic History Review*, LV (2002), n.º 1, pp. 1-30; John Stobart y Lucy Bailey, «Retail Revolution and the Village Shop, c.1660-1860», en *Economic History Review*, 72 (2018), 2, pp. 393-417.

22. Esta parte del texto se basa fundamentalmente en Paola Bertucci, *Artisanal Enlightenment. Science and the Mechanical Arts in Old Regime France*, New Haven, Yale University Press, 2017.

23. Priya Satia, *Empire of Guns. The Violent Making of the Industrial Revolution*, Nueva York, Penguin, 2018, pp. 66-99. He utilizado los artículos «épingle» y «aiguille de tailleur ou à coudre» de la *Encyclopédie* y Smith, *Wealth of Nations*, I, 1; sobre el trabajo especializado de los carroceros, P. Thompson, *La formación de la clase obrera*, I, pp. 253-254.

24. Catharina Lis y Hugo Soly, «"An Irresistible Phalanx" Journeymen's Associations in Western Europe, 1300-1800», en *International Review of Social History*, 39 (1994), suplemento, pp.11-52; James R. Farr, «On the Shop Foor: Guilds, Artisans and the European Market Economy, 1350-1750», en *Journal of Early Modern History*, I, n.º 1 (febrero 1997), pp. 24-54.

25. Gillian Cookson, *The Age of Machinery. Engineering the Industrial Revolution, 1770-1850*, Woodbridge, The Boydell Press, 2018.

26. Las viejas series de salarios de Henry Phelps Brown y Sheila V. Hopkins, *A Perspective of Wages and Prices*, Londres, Methuen, 1981, han sido revisadas por David Loschky, «New Perspectives on Seven Centuries of Real Wages», en *Journal of European Economic History*, 21 (1992), n.º 1, pp. 169-182 y Jan L. Van Zanden, «Wages and the Standard of Living in Europe, 1500-1800» en *European Review of Economic History*, 2 (1999), pp. 175-197. Robert C. Allen, *et al.*, eds., *Living Standards in the Past. New Perspectives on Well-Being in Asia and Europe*, Oxford, Oxford University Press, 2005; E. L. Jones, «Agricultural Origins of Industry», en *Past and Present*, 40 (1968), pp. 58-71.

Capítulo 2. La restauración

1. Adam Zamoyski, *Phantom Terror. Political Paranoia and the Creation of the Modern State, 1789-1848*, Nueva York, Basic Books, 2015, p. 499.

2. Jean Tulard, *Napoleón*, Barcelona, Crítica, 2012; Thierry Lentz, *Nouvelle histoire du Premier Empire*, París, Fayard, 2002-2010, 4 vols.; Thierry Lentz, ed., *Napoléon et l'Europe*, París, Fayard, 2005; Frederick W. Kagan, *The End of the Old Order. Napoleon and Europe, 1801-1805*, Cambridge Mass., Da Capo Press, 2006; Charles Esdaile, *Las guerras de Napoleón. Una historia internacional, 1803-1815*, Barcelona, Crítica, 2009; Rory Muir, *Wellington. The Path to Victory, 1769-1814*, New Haven, Yale University Press, 2013; Isser Woloch, *Napoleon and His Collaborators. The Making of a Dictatorship*, Nueva York, W.W. Norton, 2001. Una buena descripción del imperio y del sistema continental en 1812 se puede encontrar en Georges Lefebvre, *Napoléon*, París, Nouveau Monde Éditions, 2005, pp. 475-634. Sobre el bloqueo continental, François Crouzet, *L'économie britanique et le blocus continental*, París, Economica, 1987; Silvia Marzagalli, «Le Blocus continental pouvait-il réussir?», en Thiery Lentz, ed., *Napoléon et l'Europe*, París, Fayard, 2005, pp.103-114.

3. Adam Zamoyski, *1812. Napoleon's Fatal March on Moscow*, Londres, Harper, 200; Cathal J. Nolan, *The Allure of Battle*, Nueva York, Oxford University Press, 2017, pp. 229-253.

4. Napoleón se había beneficiado de la eficacia del sistema de reclutamiento organizado por la revolución, al que había recurrido repetidamente para nutrir a sus ejércitos, pero el agotamiento demográfico era inevitable y al final se extendieron por el país bandas de «refractarios» que se negaban a servir en el ejército. Sobre esto véase Isser Woloch, *The New Regime. Transformations of the French Civic Order, 1789-1820s*, Nueva York, Norton, 1994, pp. 380-426.

5. Armand de Caulincourt, *Recollections of Caulincourt, Duke of Vicenza*, Londres, H. Colburn, 1838; Agathon-Jean-François Fain, baron Fain, *Souvenirs de la campagne de France (manuscrit de 1814)*, París, Perrin, 1914. Sobre el Tratado de Chaumont, Antoine d'Arjuzon, *Castlereagh (1761-1822)*, París, Tallandier, 1995, pp. 284-296 y John Bew, *Castlereagh. Enlightenment, War and Tyranny*, Londres, Quercus, 2011, pp. 345-346; Paul W. Schroeder, *The Transformation of European Politics, 1763-1848*, Oxford, Clarendon Press, 1996, pp. 501-505. Sobre la revolución financiera británica, un tema con amplia bibliografia, véase John Brewer, *The Sinews of Power: War, Money and the English State, 1688-1783*, Londres, Unwin Hyman, 1989.

6. Sobre Alejandro, Henri Troyat, *Alexandre Ier. Le sphinx du nord*, París, Flammarion, 1980; Alan Palmer, *Alexander I, Tsar of War and Peace*, Londres, Phoenix, 1997; Alexis S. Troubetzkoy, *Imperial Legend. The Disappearance of Tsar Alexander I*, Toronto, Thomas Allen, 2002; *Vida privada, política y militar, de Alejandro I, emperador y autócrata de todas las Rusias, traducida del francés por D. D. de V.*, Madrid, Aguado, 1826. Sobre Talleyrand, Emmanuel de Waresquiel, *Talleyrand*, París, Fayard, 2003, y *Talleyrand. Dernières nouvelles du diable*, París, CNRS, 2017; Georges Lacour-Gayet, *Talleyrand*, París, Payot, 1990; Talleyrand, *Mémoires*, París, Plon, 1957; George Pallain publicó en Leipzig en 1881 la correspondencia de Talleyrand con Luis XVIII durante el Congreso de Viena.

7. Marie-Pierre Rey, *Un tsar à Paris. 1814. Alexandre Ier et la chute de Napoléon*, París, Flammarion, 2015. Para una excelente descripción de estos días, véase Philip Mansel, *Paris Between Empires, 1814-1852*, Londres, John Murray, 2001, pp. 1-37. John Bew, *Castlereagh*, pp. 337-338; Emmanuel de Waresquiel, *Talleyrand*, París, Fayard, 2003, pp. 439-447; Emmanuel de Waresquiel y Benoît Yvert, *Histoire de la Restauration, 1814-1830*, París, Perrin, 1996, pp. 31-48; Condesa de Boigne, *Mémoires*, París, Emile Paul Frères, 1924, I, p. 29; Isser Woloch, *Napoleon and His Collaborators*, Nueva York, Norton, 2002, pp. 218-226; Dominique de Villepin, *Les Cent-jours ou l'esprit de sacrifice*, París, Perrin, 2001, p. 29.

8. Adam Zamoyski, *Rites of Peace. The Fall of Napoleon and the Congress of Vienna*, Londres, Harper, 2007, pp. 183-184.

9. G. de Bertier de Sauvigny, *La Restauration*, París, Flammarion, 1990, pp. 44-76; Waresquiel y Yvert, *Histoire de la Restauration*, pp. 48-63. El texto de la «Charte constitutionelle» se puede encontrar fácilmente en la red.

10. Zamoyski, *Rites of Peace*, op. cit., pp. 197-203. El texto completo del tratado en *Digithèque de matériaux juridiques et politiques*.

11. Leonard Chodzko, *Le Congrès de Vienne et les Traités de 1815. Précédé et suivi des actes diplomatiques qui s'y rattachent*, con una extensa introducción histórica de Jean-Baptiste Honoré Raymond Capefigue, París, Amyot, [1863-1864]. John Bew, *Castlereagh*, pp. 376-389; D'Arjuzon, *Castlereagh*, pp. 322-372; Dominique Dufour de Pradt, *La Europa después del congreso de Aquisgrán*, Montpellier, F. Aviñón, 1820 (en traducción del abate Marchena). Entre la bibliografía más reciente, Thierry Lentz, *Le Congrès de Vienne. Une réfondation de l'Europe, 1814-1815*, París, Perrin, 2013; Mark Jarrett, *The Congress of Vienna and Its Legacy*, Londres, I. B. Tauris, 2014; Brian E. Wick, *The Congress of Vienna. Power and Politics after Napoleon*, Cambridge, Mass., Harvard University Press, 2014; Christo-

pher Andrew *The Secret World, A History of Intelligence*, Londres, Allen Lane, 2018, pp. 363-372.

12. M.-H. Weil, *Les dessous du Congrès de Vienne, d'après les documents originaux des archives du Ministère Impérial et Royal de l'Intérieur à Vienne*, París, Payot, 1917, noticias preliminares en I, pp. VII-XXIV; David King, *Vienna, 1814*, Nueva York, Harmony, 2008.

13. *Times*, 17 de octubre de 1814.

14. *Times*, 10 de octubre de 1814; King, *Vienna 1814*, pp. 9-14.

15. Weil, *Les dessous du Congrès*, I, p. 368. Una visión global del tema puede encontrarse en Lentz, *Le Congrès de Vienne*, pp. 107-126 (Festivités). Brian F. Vick, en cambio, se ocupa del papel de los «salones» (*Salon networks*), a los que atribuye una importancia decisiva en la formación de una opinión pública, en *The Congress of Vienna*, pp. 112-152.

16. Weil, *Les dessous du Congrès*, I, p. 619.

17. Weil, *Les dessous du Congrès*, I, p. 526 y de Arjuzon, *Castlereagh*, París, pp. 327-328.

18. *Times*, 4 de noviembre de 1814.

19. *Times*, 21 de octubre de 1814.

20. Una muestra de la correspondencia amorosa de Alejandro puede consultarse en Weil, *Les dessous du Congrès*, I, p. 591.

21. Weil, *Les dessous du Congrès*, I, p. 612 (25 de noviembre de 1814).

22. Weil, *Les dessous*, I, p. 443. Sobre esto, Alan Palmer, *Metternich*, pp. 136-137. Le atraía sobre todo la duquesa de Sagan, que tenía intereses en Rusia y, además, estaba preocupada por una hija que había tenido que abandonar. Sobre la vida y vicisitudes de la duquesa hay amplia información en David King, *Vienna 1814, passim*.

23. Arjuzon, *Castlereagh*, pp. 325-329.

24. «A General Balance» (*Times*, 6 de octubre de 1814).

25. *Times*, 27 de octubre de 1814.

26. Weil, *Les dessous du Congrès*, I, pp. 475-477.

27. Marqués de Villaurrutia, *España en el Congreso de Viena, según la correspondencia oficial de D. Pedro Gómez Labrador, marqués de Labrador*, Madrid, Beltrán, 1928 (segunda edición, corregida y aumentada). Era uno de los autores de aquel glorioso decreto del 4 de mayo de 1814, en el que Fernando VII ordenaba derogar la Constitución y toda la obra legislativa de las cortes «como si no hubiesen pasado jamás tales actos y se quitasen de en medio del tiempo».

28. El manual de Tim Chapman, *The Congress of Vienna, Origins, Processes and Results*, Londres, Routledge, 1998, resulta útil por los cuadros

que ofrecen una síntesis de las ganancias y pérdidas territoriales de cada país.

29. Sigo en esto a Enno E. Krahe, *Metternich's German Policy. II: The Congress of Vienna, 1814-1815*, Princeton, Princeton University Press, 1983, que ofrece un minucioso relato de unas discusiones que habían comenzado antes incluso de la apertura del congreso; D'Arjuzon, *Castlereagh,* pp. 334-372; Paul W. Schroeder, *The Transformation of European Politics 1763-1848*, Oxford, Clarendon Press, 1996, pp. 523-538; Brian E. Vick, *The Congress of Vienna, Power and Politics after Napoleon*, Cambridge, Mass., Harvard University Press, 2014, pp. 278-320, que la considera la cuestión más importante del congreso y Tierry Lentz, *Le congrès de Vienne. Une refondation de l'Europe, 1814-1815*, París, Perrin, 2013, pp. 127-158.

30. Dominique de Villepin, *Les Cent-jours ou l'esprit de sacrifice*, París, Perrin, 2001; Waresquiel y Yvert, *Histoire de la Restauration*, pp. 103-121; Lentz, *Le Congrès de Vienne*, pp. 199-210; Waresquiel, *Talleyrand*, pp. 490-494; D'Arjuzon, *Castlereagh*, pp. 373-390; Earl Stanhope, *Conversations with Wellington*, Londres, Prion, 1998, pp. 18-19; Guillaume de Bertier de Sauvigny, *Metternich et la France après le Congrès de Vienne*, París, Hachette, 1968-1971, I, pp. 13-40, explica las intrigas y confabulaciones que se produjeron entre Viena y París durante aquellos días, hasta que la victoria de Wellington en Waterloo puso de manifiesto que la úncia opción era Luis XVIII.

31. Sobre la gestión del cardenal Consalvi en el Congreso de Viena y la recuperación de los estados papales, véase Nicholas Atkin y Frank Tallett, *Priests, Prelates and People*, Londres, I. B. Tauris, 2003, pp. 86-89.

32. Lentz, *Le Congrès de Vienne*, pp. 173-189 («Une nouvelle Italie»). Sobre Murat, además, pp. 192-199.

33. Imbert de Saint-Amand, *Marie-Louise et le duc de Reichstadt*, París, Dentu, 1886.

34. H.W. Koch, *A Constitutional History of Germany in the Nineteenth and Twentieth Centuries*, Nueva York, Longman, 1984, pp. 15-20.

35. Jonathan Israel, *The Dutch Republic*, Oxford, Clarendon Press, 1995, pp. 1098-1130; Annie Jourdan, «Napoléon et les élites patriotes bataves: un même combat?», en Thierry Lentz, ed., *Napoléon et l'Europe*, París, Fayard, 2005. pp. 226-257.

36. El artículo 118 del acta final menciona la «Declaración de las potencias sobre la abolición de la trata de negros del 8 de febrero de 1815» entre los acuerdos «anexos» al acta. Véase al respecto, Vick, *Congress of Viena*, pp. 195-212 (*abolition*) y sobre todo Lentz, *Le Congrès de Vienne*, pp. 233-239.

37. *Times*, 21 de diciembre de 1814.

38. *Times*, 24 de enero de 1815.

39. *Sketch of the Battle of Waterloo*, Bruselas, Chez H. Gerard Édit., 1842; Alessandro Barbero, *Waterloo: la última batalla de Napoleón*, Barcelona, Pasado & Presente, 2015; Mark Jarrett, «Did Waterloo Really Matter?», en *History News Network*, 18 de junio de 2015; Stanhope, *Conversations with Wellington*, pp. 14, 43 y *passim*; Waterloo está constantemente en las conversaciones de Wellington, en respuesta a las preguntas que se le hacen.

40. Sobre los problemas que planteó el castigo legal de Napoleón y de los bonapartistas, véase Gary Jonathan Bass, *Stay The Hand of Vengeance. The Politics of War Crimes Tribunals,* Princeton, Princeton University Press, 2000, pp. 37-57.

41. Jacques-Henri Pirenne, *La Sainte-Alliance, Organisation européenne de la paix mondiale*, Neuchâtel, Éditions de La Baconnière, 1946-1949, 2 vols., la cita de I, p. 236; J. H. Pirenne, «L'union des deux natures politique et mystique du pacte de la Sainte Alliance», en *Revue belge de philologie et d'histoire*, 56 (1978), n.º 2, pp. 399-409. Una reseña de Jacques Droz en *Revue Historique*, 208, fasc. 1 (1952), pp. 105-107.

42. D'Arjuzon, *Castlereagh*, pp. 393-409; Palmer, *Metternich*, pp. 150-154; Bertier de Sauvigny, *Metternich et la France*, I, pp. 41-68.

Capítulo 3. La acción del capitalismo

1. Gonzalo Pontón, *La lucha por la desigualdad. Una historia del mundo occidental en el siglo XVIII*, Barcelona, Pasado y Presente, 2016 (datos de población en pp. 32-33). Sobre las consecuencias del aumento de los precios, véase Francesco Cinnirella, «Optimists or Pessimists? A Reconsideration of Nutritional Status in Britain, 1740-1865», en *European Review of Economic History*, 88, pp. 215-254.

2. E. P. Thompson, *La formación de la clase obrera en Inglaterra*, Barcelona, Crítica, 1989, I, pp. 223-250; Karl Marx, *El capital*, I, 24, (3, pp. 362-379 en la traducción castellana de Manuel Sacristán). Sobre la carta de Marx al director de la revista *Otechesvennie Zapiski*, reproducida en *Marx Engels Werke*, 19, pp. 107-112, véase Haruki Wada, «Marx and Revolutionary Russia», en Theodor Shannin, ed. *Late Marx and the Russian Road. Marx and the Periphery of Capitalism*, Londres, Routledge and Kegan Paul, 1983, pp. 40-75.

3. Jerome Blum, *The End of the Old Order in Rural Europe*, Princeton, Princeton University Press, 1978.

4. Rosa Congost, *Tierras, leyes, historia: Estudios sobre la gran obra de la propiedad*, Barcelona, Crítica, 2006; Rafael García Ormaechea, *Estudio de legislación y jurisprudencia sobre señoríos: supervivencias feudales en España*, edición de Pedro Ruiz Torres, Pamplona, Urgoiti, 2002.

5. Sobre el mundo de los trabajadores rurales y los «mozos», véase el número monográfico «El trabajo doméstico y sirviente en la Europa rural (ss. XVI-XIX). Diversidad de modelos regionales y formas de dependencia», en *Mundo agrario*, Universidad Nacional de La Plata, 18 (2017), n.º 39. Alberto Sabio Alcutén, *Tierra, comunal y capitalismo agrario en Aragón (1830-1935)*, Zaragoza, Institución Fernando el Católico, 2002, cita de p. 463; Rosa Congost y Ricard Garcia Orallo «¿Qué liberaron las medidas liberales? La circulación de la tierra en la España del siglo XIX», en *Historia agraria*, 74 (abril 2018), pp. 67-102.

6. «The Commons in Europe: from Past to Future», número monográfico de *International Journal of the Commons*, 2 (2008), n.º 2, editado por Giangiacomo Bravo y Tine De Moor; Guy Lemeunier, «El régimen señorial en cuestión. De los enfrentamientos antiguos a la lucha por la tierra en los señoríos del reino de Murcia (ss. XVI-XVIII)», en *Murgetana*, 88 (1994), pp. 25-52.

7. Un tema estudiado por Felipa Sánchez Salazar en *Extensión de cultivos en España en el siglo XVIII*, Madrid, Siglo XXI, 1988 y «Los cerramientos en España», comunicación en el seminario *Propietat de la terra i anàlisi històrica: teories, pràctiques i discursos*, Universidad de Girona, noviembre de 2002; M. Bosch *et al.*, «Los "bandos". La lucha por el individualismo agrario en Cataluña. Primeras hipótesis», en *Noticiario de historia agraria*, 13 (1997), pp. 65-88.

8. Sobre la autorización de ventas en la guerra del Francés, Josep Fontana y Ramon Garrabou, *Guerra y hacienda. La hacienda del gobierno central en los años de la guerra de la Independencia (1808-1814)*, Alicante, Instituto Juan Gil Albert, 1986, pp. 215-217; Arantxa Otaegui, *Guerra y crisis de la hacienda local. Las ventas de bienes comunales y de propios en Guipúzcoa, 1764-1814*, San Sebastián, Diputación Foral de Guipúzcoa, 1991. La disposición de 1818 en *Decretos del rey Fernando VII*, V (1818), pp. 696-700.

9. Sobre las reivindicaciones de las tierras municipales en Extremadura, véase Antonio Miguel Linares Luján, *El proceso de privatización de los patrimonios de titularidad pública en Extremadura, 1750-1936*, tesis doctoral leída en la Universidad de Barcelona en 2001, y Francisco Espinosa, *La pri-*

mavera del Frente popular: los campesinos de Badajoz y el origen de la guerra civil, marzo-julio de 1936, Barcelona, Crítica, 2007. Sobre Navarra, José Miguel Gastón, *¡Vivan los comunes! Movimiento comunero y sucesos corraliceros en Navarra, 1896-1930*, Pamplona, Txalaparta, 2003; Joseba de la Torre y José Miguel Lana Berasain, «El asalto a los bienes comunales. Cambio económico y conflictos sociales en Navarra, 1808-1936», en *Historia social*, n.º 37 (2000), pp. 75-95. Sobre León, José A. Serrano Álvarez, «"Reviviendo el sueño de varias generaciones": comunales y reforma agraria en León en la II República (1931-1936)», en *Historia agraria*, 62 (abril 2014), pp. 147-175; José Miguel Lana, «Commons for Sale. Economic and Institutional Change in Nineteenth Century Northern Spain», *Asociación Española de Historia Económica*, documento DT-AEHE n.º 0604, 2006; también Angel Ramón del Valle Calzado, «Estrategias y actitudes del poder local ante la privatización de las tierras concejiles en la España interior (Ciudad Real, 1855-1910)», *Historia Agraria*, 69 (2016), pp. 105-135, etc.

10. Philip T. Hoffman, *Growth in a Traditional Society. The French Countryside, 1450-1815*, Princeton, Princeton University Press, 1996; Jean-Marc Moriceau, *Les fermiers de l'Île-de-France. L'ascension d'un patronat agricole, XVe-XVIIIe siècle*, París, Fayard, 1994; P. de Saint Jacob, *Les paysans de la Bourgogne du nord au dernier siècle de l'Ancien régime*, Rennes, Association d'histoire des sociétés rurales, 1995; Anatoli Ado, *Paysans en révolution. Terre, pouvoir et jacquerie, 1789-1794*, París, Société des Études Robespierristes, 1996; John Markoff, *The Abolition of Feudalism. Peasants, Lords and Legislators in the French Revolution*, Pensilvania, Pennsylvania State University, 1996; Nadine Vivier, *Propriété collective et identité communale. Las biens communaux en France, 1750-1914*, París, Publications de la Sorbonne, 1998; Jeff Horn, *The Path Not Taken. French Industrialization in the Age of Revolution, 1750-1830,* Cambridge, Mass., MIT Press, 2006.

11. Federico Bozzini, *Il furto campestre. Una forma di lotta di massa nel Veronese e nel Veneto durante la seconda metà del '800*, Bari, Dedalo, 1977.

12. Rosa Congost y Pablo Luna, eds., *Agrarian Change and Imperfect Property. Emphyteusis in Europe (16th to 19th centuries)*, Turnhout, Brepols, 2018; Rafael García Ormaechea, *Estudio de legislación y jurisprudencia sobre señoríos: supervivencias feudales en España*, edición de Pedro Ruiz Torres, Pamplona, Urgoiti, 2002; Pedro Ruiz Torres, *Señores y propietarios: cambio social en el sur del país Valenciano, 1650-1850*, Valencia, Institución Alfons el Magnànim, 1981; Alejandro Nieto, *Bienes comunales*, Madrid, Revista de Derecho Privado, 1964; Rosa Congost, *Els propietaris i el altres: la regió de Girona, 1768-1862*, Vic, Eumo, 1990, y *Tierras, leyes e*

historia: estudios la «gran obra de la propiedad», Barcelona, Crítica, 2007; *Historia de la propiedad en España: bienes comunales, pasado y presente*, Madrid, Colegio de Registradores de la Propiedad, 2002; R. Villares, Pegerto Saavedra *et al.*, eds., *Señores y campesinos en la Península Ibérica, siglos xviii-xx*, Barcelona, Crítica, 1991, 2 vols.

13. Esther Kingston-Mann, «Peasant Communes and Economic Innovation: a Preliminary Inquiry», en E. Kingston-Mann y T. Mixter, *Peasant Economy, Culture and Politics of European Russia, 1800-1921*, Princeton, Princeton University Press, 1991, cita de la p. 50. Sobre Letonia, véase Modris Eksteins, *Walking since Daybreak. A Story of Eastern Europe, World War II and the Heart of our Century*, Boston, Houghton Mifflin, 1999, p. 25. Las noticias sobre Silesia proceden de Jerome Blum, *The End of the Old Order in Rural Europe*, p. 74; Neil Kent, *The Soul of the North. A Social, Architectural and Cultural History of the Nordic Countries, 1700-1940*, Londres, Reaktion Books, 2000, pp. 159-160; David Kirby, *The Baltic World, 1772-1993*, Nueva York, Longman, 1995, pp. 63-74; Mars Olsson y Mars Morell, «Scandinavia, 1750-2000», en Bass van Bavel y Richard Hoyle, eds., *Social Relations: Property and Power*, Turnhout, Brepols, 2010, pp. 315-347. La cita sobre los nacimientos ilegitimos se encuentra en J. Michael Phayer, *Sexual Liberation and Religion in Nineteenth Century Europe*, Londres, Croom Helm, 1977.

14. Una imagen de la revolución industrial británica desde el punto de vista de la historia económica tradicional en Roderick Floud y Donald McCloskey, eds., *The Economic History of Britain Since 1700*, vol. I (1700-1860), segunda edición, Cambridge, Cambridge University Press, 1994; Maxine Berg, *La era de las manufacturas*, Barcelona, Crítica, 1987. Sobre el trabajo de las mujeres, véase Maxine Berg, «What Difference Did Women's Work Make to the Industrial Revolution?», en *History Workshop*, 35 (1993), pp. 22-44; Sara Horrell y Jane Humphries, «Women's Labour Force Participation and the Transition to the Male-Breadwinner Family, 1790-1865», en *Economic History Review*, XLVIII (1995), pp. 89-117. G. N. Von Tunzelman, *Steam Power and British Industrialization to 1860*, Oxford, Clarendon Press, 1978.

15. Gillian Cookson, *The Age of Machinery. Engineering the Industrial Revolution, 1770-1850*, Woodbridge, The Boydell Press, 2018.

16. Kevin Binfield, *Writings of the luddites*, Baltimore, Johns Hopkins University Press, 2015; Joshua B. Freeman, *Behemoth. A History of the Factory and the Making of the Modern World*, Nueva York, Norton, 2018, pp. 35-38; Patrick O'Brien, Trevor Griffiths y Philip Hunt, «Political Com-

ponents of the Industrial Revolution: Parliament and the English Cotton Textile Industry, 1669-1774», en *Economic History Review*, 44 (1991), 3, pp. 395-423.

17. Puede consultarse una síntesis de esta cuestión en el primer capítulo, pp. 1-16, de Jeff Horn, *The Path Not Taken. French Industrialization in the Age of Revolution, 1750-1830,* Cambridge, Mass, MIT Press, 2006. También, Hugh Clout, *Agriculture in France on the Eve of the Railway Age*, Londres, Croom Helm, 1980; Roger Price, *The Modernization of Rural France*, Londres, Hutchinson, 1983; Serge Chassagne, *Le coton et ses patrons. France, 1760-1840*, París, EHESS, 1991; William M. Reddy, *The Rise of Market Culture. The Textile Trade and French Society, 1750-1900*, Cambridge, Cambridge University Press, 1984; Colin Heywood, «Agriculture and Industrialization in France, 1870-1914», en Peter Mathias y John A. Davis, eds., *Agriculure and Industrialization*, Oxford, Blackwell, 1996, pp. 109-128, etc.

18. François Crouzet, *L'économie britannique et le blocus continental*, París, Economica, 1987; el tema está bien planteado en Horn, *The Path Not Taken*, pp. 227-240.

19. David R. Weir, «Economic Welfare and Physical Well-Being in France, 1785-1920», en Richard H. Steckel y Roderick Floud, *Health and Welfare During Industrialization*, Chicago, University of Chicago Press, 1997, pp. 161-199.

Capítulo 4. Un sistema inestable

1. K. R. von Nesselrode, *Lettres et papiers du chancelier comte de Nesselrode: extraits de ses archives*, París, A. Lahure, 1904-1912, V, p. 237.

2. Una mitificación que empezó con Charles Webster en 1919, cuando publicó su estudio *The Congress of Vienna*, Londres, Oxford University Press, 1918, como una guía para la delegación británica que tenía que asistir a la conferencia de paz de París, al final de la Primera Guerra Mundial. Harold Nicolson le dedicó en 1946 un libro con el subtítulo *A Study in Allied Unity*, Nueva York, Harcourt, Brace and Company, 1946, en plena efervescencia del desarrollo de la ONU. En 1957, e instrumentalizando también el tema, apareció el libro de Henry Kissinger, *A World Restored: Metternich, Castlereagh, and the Problems of Peace, 1812-1822* Londres, Weidenfeld and Nicolson, 1957, donde lo que Kissinger reivindicaba no era tanto el congreso como la actuación de Metternich como policía internacional, que proponía como modelo de la política exterior norteamericana en la etapa de

Nixon. Más tarde volvería al mismo tema con *Diplomacy*, Nueva York, Simon and Schuster, 1995. El estudio más brillante es el de Paul W. Schroeder, *The Transformation of European Politics, 1763-1845*, Oxford, Clarendon Press, 1996. La cita de Schroeder que he incluido está extraída de «Did the Vienna Settlement Rest on a Balance of Power?», en *American Historical Review*, 97, n.º 3 (junio de 1992), p. 705. Sobre Metternich, Alan Palmer, *Metternich*, Londres. Weidenfeld and Nicolson, 1986; Constantin de Grünwald, *La vida de Metternich*, Barcelona, Juventud, 1942; G. de Bertier de Sauvigny, *Metternich*, París, Fayard, 1986; D. E. Emerson, *Metternich and the Political Police: Security and Subversion in the Habsburg Monarchy, 1815-1830*, Den Haag, Martinus Nijhoff, 1968; Enno E. Krahe, *Metternich's German Policy. II: The Congress of Vienna, 1814-1815*, Princeton, Princeton University Press, 1983; K. Metternich, *Mémoires, documents et écrits divers laissés par le prince de Metternich, chancelier de cour et d'état*, París, Plon, 1880-1881 y *Lettres du prince de Metternich à la comtesse de Lieven, 1818-1819*, ed. Jean Hanoteau, París, Plon, 1909. Sobre la princesa de Lieven, véase John Charmeley, *The Princess and the Politicians*, Londres, Viking, 2005.

3. James Galbraith, «There Are No Markets Without Governance and Government and Regulations» en *Real-World Economics Review Blog*, 28 de junio de 2018; David Ruccio, «They Aren't Laws of Nature», en *Real-World Economics Review Blog*, 2 de julio de 2018.

4. Ernest Labrousse, «Elements d'un bilan économique: la croissance dans la guerre», en *Bilan du monde en 1815*, Comité International des Sciences Historiques, XIIe Congrès International des Sciences Historiques, Viena, 29 de agosto-5 de septiembre de 1965, Horn/Wien, Verlag Ferdinand Berger & Söhne, *Rapports*, I, *Grands thèmes*, pp. 475-539.

5. Maurice Crouzet, «Introduction» en Erik Aerts y François Crouzet, eds., *Economic Effects of the French Revolutionary and Napoleonic Wars*, Session B-1, Tenth International Economic History Congress, Lieja, Leuven University Press, 1990, pp. 4-5. Sobre los efectos demográficos de las guerras napoleónicas en España, véase Vicente Pérez Moreda, «Spain», en Guido Alfani y Cormac Ô Gráda, eds., *Famine in European History*, Cambridge, Cambridge University Press, 2017, pp. 48-72.

6. Por ejemplo, Roderick Floud y Donald McCloskey, eds., *The Economic History of Britain Since 1700*, segunda edición, Cambridge, Cambridge University Press, 1994 o Stephen Broadberry y Kevin H. O'Rourke, eds., *The Cambridge Economic History of Modern Europe. I: 1700-1870*, Cambridge, Cambridge University Press, 2010. Joel Mokyr, *The Enlightened*

Economy. An Economic History of Britain 1700-1850, New Haven, Yale University Press, 2009 y *A Culture of Growth, The Origins of the Modern Economy*, Princeton, Princeton University Press, 2017.

7. W.H. Beveridge, «Weather and Harvest Cycles», en *The Economic Journal*, XXXI (1921), pp. 429-452. Josep Fontana, «La crisis agraria de comienzos del siglo XIX y sus repercusiones en España», en Ángel García Sanz y Ramon Garrabou, eds., *Historia agraria de la España contemporánea*, I, pp. 103-128, Barcelona, Crítica, 1985.

8. Sobre la reacción «monárquica», véase Henry Houssaye, *1815: La seconde abdication. La terreur blanche*, París, Perrin, 1918; Brian Fitzpatrick, *Catholic Royalism in the Department of the Gard, 1814-1852*, Cambridge, Cambridge University Press, 1983; David Higgs, *Ultraroyalism in Toulouse. From its Origins to the Revolution of 1830*, Baltimore, The Johns Hopkins University Press, 1973; José Gómez Hermosilla, *Respuesta de un español a dos folletos publicados en París contra el rey nuestro señor y su gobierno*, Madrid, Amarita, 1825.

9. La definición de ludismo la he extraído de Kevin Binfield, *Writings of the Luddites*, Baltimore, Johns Hopkins University Press, 2015; Joshua B. Freeman, *Behemoth. A History of the Factory and the Making of the Modern World*, Nueva York, Norton, 2018, pp. 35-38; Patrick O'Brien, Trevor Griffiths y Philip Hunt, «Political Components of the Industrial Revolution: Parliament and the English Cotton Textile Industry, 1669-1774», en *Economic History Review*, 44 (1991), 3, pp, 395-423. Sobre estos acontecimientos hay mucha literatura: he utilizado E. P. Thompson, *La formación de la clase obrera en Inglaterra*, Barcelona, Crítica, 1989 (en especial, «Las leyes contra la asociación», I, pp, 68-90); R. J. White, *Waterloo to Peterloo*, Harmondsworth, Penguin, 1968; Andrew Charlesworth, ed., *An Atlas of Rural Protest in England, 1548-1900*, Londres, Croom Helm, 1983, pp. 104 y 146-148; Paul Muskett, «The East Anglian Agrarian Riots of 1822», en *Agricultural History Review*, 32 (1994), parte I, pp. 1-13; V. A. C. Gatrell, *The Hanging Tree*, Oxford, Oxford University Press, 1994, pp. 616-617. El discurso de Byron, del 27 de febrero de 1812, en Hansard, *Parliamentary Debates*, 1812, XXI, cols. 966-972. Julius Van Daal, «Byron y los luditas. No hay más rey que Ludd», en *El Salto*, 13 (mayo 2018), pp. 58-59.

10. Alberto Gil Novales, *El trienio liberal*, Madrid, Siglo XXI, 1980, *Las sociedades patrióticas*, Madrid, Tecnos, 1975, *Rafael del Riego*, Madrid, Tecnos, 1976 y *Diccionario biográfico de España, 1800-1833*, Madrid, Fundación Mapfre, 2010; Josep Fontana, «La revolución española de 1820 en su contexto internacional», en Isidro Sepúlveda Muñoz y Blanca Buldáin Jaca,

eds., *La Iglesia española en la crisis del Antiguo Régimen. Homenaje al profesor Ángel Martínez de Velasco*, Madrid, UNED, 2003 (en realidad 2004), pp. 49-61, y *De en medio del tiempo. La segunda restauración española, 1823-1834*, Barcelona, Crítica, 2012.

11. Aurelio Lepre, *La rivoluzione napoletana del 1820-1821*, Roma, Riuniti, 1967; Giorgio Candeloro, *Storia della Italia moderna*, II (1815-1848), Milán, Feltrinelli, 1977-1979, pp. 74-187; Harold Acton, *I Borboni di Napoli*, Florencia, Giunti, 1988, pp. 752 y ss.; G. Berti, *I democratici e l'iniziativa meridionale nel Risorgimento*, Milán, Feltrinelli, 1962; Guillermo Pepe, *Memoria relativa a los sucesos de Nápoles en los años 1820 y 1821*, Madrid, Imprenta de D. Miguel de Burgos, 1822.

12. José Tengarrinha, *Estudos de história conteporánea de Portugal*, Lisboa, Caminho, 1983, *Da liberdade mitificada â liberdade subvertida: uma exploraçâo no interior da repressâo â imprensa periódica de 1820 a 1828*, Lisboa, Colibri, 1993 y *Movimentos populares agrários em Portugal*, Lisboa, Publicaçôes Europa-América, 1994, 2 vols.; Manuel Fernandes Tomás, *A revoluçâo de 1820*, ed. J. Tengarrinha, Lisboa, Seara Nova, 197; Juliao Soares de Azevedo, *Condiçoes económicas da revoluçâo de 1820*, Lisboa, Básica, 1976/2.

13. Rosario Romeo, «Il Risorgimento in Piemonte», en *Dal Piemonte sabaudo all'Italia liberale*, Bari, Laterza, 1974, esp. pp. 18-45; Giorgio Candeloro, *Storia della Italia moderna*, II, pp. 99-120; Paola Notario, *Il Piemonte sabaudo dal periodo napoleonico al Risorgimento*, Turín, UTET, 1993, pp. 151-175; Salvo Mastellone, *Il projetto politico di Mazzini (Italia-Europa)*, Florencia, Olschki, 1994, pp. 19-20; G. Mazzini, «A Carlo Alberto di Savoia», en *Scritti politici*, Turín, Einaudi, 1976, I, pp. 38-56.

14. A. G. Mazour, *The First Russian Revolution, 1825*, Stanford, Stanford University Press, 1977/2, pp. 58-63; Francis Ley: *La Russie, Paul de Krüdener et les soulèvements nationaux, 1814-1848*, París, Hachette, 1971, p. 62; M. A. Dodolev, «Rusia y la revolución española de 1820-1823», en *Cuadernos de historia económica de Cataluña*, V (1971), pp. 119-132.

15. André Castelot, *Le duc de Berry et son double mariage d'après des documents inédits*, París, Sfelt, 1950, pp. 137-158; María Amelia de Borbón-Dos Sicilias, *Journal de Marie-Amélie, reine des Français, 1800-1866*, París, Perrin, 1980, pp. 273-281; Condesa de Boigne, *Mémoires de la comtesse de Boigne, née d'Osmond (Récits d'une tante)*, París, Emile-Paul Frères, 1924, III, pp. 25-32; J. Lucas-Dubreton, *Louvel le régicide*, París, Perrin, 1923, pp. 89-123 y *La duchesse de Berry*, París, Flammarion, 1935, pp. 25-38; Gilles Malandain, «La conspiration solitaire d'un ouvrier théophi-

lanthrope: Louvel et l'assassinat du duc de Berry en 1820», en *Revue Historique*, 124 (2000), CCCII, 2, pp. 367-393; Pierre Jacomet, *Le Palais sous la Restauration, 1815-1830*, París, Plon, 1922, pp. 99-103; A. de Vaulabelle, *Historia de la restauración de los Borbones en Francia*, Madrid, 1858-1860, IV, pp. 42-47; A. de Lamartine, *Historia de la restauración*, Madrid, Mellado, 1851-1853, III, pp. 547-569; Langeron, *Decazes ministre du roi*, pp. 258-272; Chateaubriand, «Mémoires sur S.A.R. Monseigneur le Duc de Berry», en *Oeuvres*, XII, pp. 143-248 (y en especial, pp. 209-211) y el artículo del 18 de febrero de 1820 en *Oeuvres*, XVIII, pp. 153-154); Philip Mansel, *Paris Between Empires, 1814-1852*, Londres, John Murray, 2001, pp. 165-198.

16. Jean-Claude Caron, *Générations romantiques. Les étudiants de Paris et le Quartier Latin, 1814-1851*, París, Armand Colin, 1991, pp. 223-282; Alan B. Spitzer, *Old Hatreds and Young Hopes. The French Carbonari against the Bourbon Restoration*, Cambridge, Mass., Harvard University Press, 1971; Pierre-Arnaud Lambert, *La charbonerie française. 1821-1823*, Lyon, Presses Universitaires de Lyon, 1995; Pamela M. Pilbeam, *Republicanism in Nineteenth-Century France, 1814-1871*, Londres, Macmillan, 1995, pp. 76-85; Rafael Sánchez Mantero, *Las conspiraciones liberales en Francia, 1815-1823*, Sevilla, Universidad, 1972, pp. 157-193; Paul Canler, *Mémoires de Canler, ancien chef du service de sûreté*, París, Mercure de France, 1968, pp. 45-51; Jean-Paul Brunet, *La police de l'ombre. Indicateurs et provocateurs dans la France contemporaine*, París, Seuil, 1990, pp. 230-231, David Garrioch, *The Formation of the Parisian Bourgeoisie, 1690-1830*, Cambridge, Mass., Harvard University Press, 1996, pp. 265-267. Sobre las resistencias a la Carta, Anónimo, *Note secrète exposant les pretextes et le but de la dernière conspiration*, París, Foulon *et al.*, 1818.

17. Donald Eugene Emerson, *Metternich and the Political Police: Security and Subversion in the Habsburg Monarchy, 1815-1830*, Den Haag, Martinus Nijhoff, 1968; Steven C. Hughes, *Crime, Disorder and the Risorgimento. The Politics of Policing in Bologna*, Cambridge, University Press, 1994, pp. 246-247; Heinrich von Treitschke: *History of Germany in the Nineteenth Century*, Nueva York, McBride, Nast and Co., 1915-1919, III, pp. 168 y ss., 604-617; H. W. Koch, *A Constitutional History of Germany in the Nineteenth and Twentieth Centuries*, Nueva York, Longman, 1984, p. 21.

18. G. Bertier de Sauvigny, *Metternich et la France après le Congrès de Vienne*, París, Hachette, 1968-1971, II, pp. 315-512; los méritos que hizo en Italia le valieron a Metternich la promoción a canciller.

19. Las dos descripciones más completas del congreso, aunque muy diferentes, son la que nos ofrece G. Bertier de Sauvigny, *Metternich et la Fran-*

ce après le Congrès de Vienne, II, pp. 609-661, y la de F. R. de Chateaubriand, «Le Congrés de Verone», en *Oeuvres*, París, Dufour, Boulanger et Legrand, 1860-1862, XIX. Una descripción global en Josep Fontana, *De en medio del tiempo: la segunda restauración española, 1823-1834*, Barcelona, Crítica, 2006. Sobre la princesa de Lieven, John Charmley, *The Princess and the Politicians. Sex, Intrigue and Diplomacy*, Londres, Viking, 2005 y C. Metternich, *Lettres du Prince de Metternich à la comtesse de Lieven*, París, Plon, 1909.

20. Antoine d'Arjuzon, *Castlereagh*, París, Tallandier, 1995, pp. 463-470; Elizabeth Longford, *Wellington, Pillar of State*, Nueva York, Harper and Row, 1972, pp. 99-100; P. de Azcárate, *Wellington y España*, Madrid, Espasa-Calpe, 1960, p. 238; Wendy Hinde, *George Canning*, Nueva York, St. Martin's Press, 1973, pp. 326-331 y 422; Edward J. Stapleton, *Some Official Correspondence of George Canning*, Londres, Longmans, Green and Co, 1887, I, pp. 48-63; Harold Temperley, *The Foreign Policy of Canning*, Londres, Bell and Sons, 1925, pp. 53-54; N. Cosores, «England and the Spanish Revolution of 1820-1823», en *Trienio,* 9 (1987), pp. 39-131; Juan Francisco Fuentes, «El trienio liberal en la correspondencia del duque de Wellington», en *Boletín de la Real Academia de la Historia*, CLXXXVI, cuaderno III (1989), pp. 407-442; Ana Clara Guerrero, «La política británica hacia España en el trienio constitucional» en *Espacio, tiempo y forma*, s. V., Historia contemporánea, IV (1991), pp. 215-240; Norihito Yamada, «George Canning and the Spanish Question, September 1822 to March 1823», en *Historical Journal*, 52 (2009), 2, pp. 343-362; Stephen J. Lee, «The Foreign Policy of Castlereagh and Canning», en *Aspects of British Political History, 1815-1914*, Londres, Routledge, 1994, pp. 36-52.

21. M. B. Capefigue, *Récit des opérations de l'armée française en Espagne sous les ordres de S.A.R. Mgr. Duc d'Angoulème*, París, Gide-Egron, 1823; Abel Hugo, *Histoire de la campagne d'Espagne en 1823*, París, Lefuel, 1824-1825, 2 vols.; Rafael Sánchez Mantero, *Los cien mil hijos de San Luis y las relaciones franco-españolas*, Sevilla, Universidad, 1981; Josep Fontana, *De en medio del tiempo: la segunda restauración española, 1823-1834*, Crítica, 2006; V. A. Huber, *Esquisses sur l'Espagne*, París, Levrault, 1830, p. 382.

22. Lepre, *La rivoluzione napoletana del 1820-1821*, pp. 313-318; Berti, *I democratici e l'iniziativa meridionale nel Risorgimento*, pp. 173-180; F. Renda, *Risorgimento e classi popolari in Sicilia, 1820-1821,* Milán, Feltrinelli, 1961, pp. 38-43; G. Salvemini, *Scritti sul Risorgimento*, Milán, Feltrinelli, 1961, pp. 38-43; Acton, *I Borboni di Napoli*, pp. 763-765. Sobre Portugal,

José Tengarrinha, «Os movimentos liberais em Espanha vistos do Portugal absolutista, 1810-1820 (a través dos relatos de espiôes e informadores)», en *Revista da Faculdade de Letras*, Lisboa, 5.ª serie, 16/17, 1994, pp. 51-74; *Movimentos populares agrários em Portugal*, Lisboa, Publicaçôes Europa-América, 1994, 2 vols., y la introducción a Manuel Fernandes Tomás, *A revoluçâo de 1820*, Lisboa, Seara Nova, 1974.

23. David Higgs, *Ultraroyalism in Toulouse*, pp. 149-150; G. de Bertier de Sauvigny: *La Sainte Alliance*, París, Armand Colin, 1972, pp. 212-217; Pierre-Arnaud Lambert, *La charbonnerie française, 1821-1823*, Lyon, Presses Universitaires de Lyon, 1995; Arthur Lehning: *De Buonarroti à Bakounine*, París, Editions Champ Libre, 1977, pp. 45-76; A. Galante Garrone, *Filippo Buonarroti e i rivoluzionari dell'ottocento*, Turín, Einaudi, 1972/2; Alan B. Spitzer, *Old Hatreds and Young Hopes. The French Carbonari against the Bourbon Restoration*, Cambridge, Mass., Harvard University Press, 1971, pp. 266-272; G. Berti: *I democratici e l'iniziativa meridionale nel Risorgimento*, Milán, Feltrinelli, 1962; Iris Zavala, *Masones, comuneros y carbonarios*, Madrid, Siglo XXI, 1971, pp. 97 y ss.

24. Josep Fontana, *De en medio del tiempo: la segunda restauración española, 1823-1834*, Barcelona, Crítica, 2006 y *Hacienda y estado en la crisis final del Antiguo régimen: 1823-1833*, Madrid, Instituto de Estudios Fiscales, 2001; Irene Castells, *La utopía insurreccional del liberalismo*, Barcelona, Crítica, 1989; Gonzalo Butrón, *La ocupación francesa de España (1823-1828)*, Cádiz, Universidad, 1996.

25. Joshua G. Freeman, *Behemoth. A History of the Factory and the Making of the Modern World*, Nueva York, Norton, 2018; Suresh Naidu y Noam Yutchman, «Coercive Contract Enforcement: Law and the Labour Market in 19th Century Industrial Britain», *National Bureau of Economic Research*, working paper 17051, mayo de 2011; Friedrich Engels, *La situación de la clase obrera en Inglaterra*, en OME 6, Barcelona, Crítica, 1978, pp. 403-426 (cita de p. 426). En Alemania la penalización por la ruptura de un contrato de trabajo duró hasta 1918.

26. Wendy Hinde, *George Canning*, Nueva York, St. Marin's Press, 1973; Elizabeth Longford, *Wellington, Pillar of State*, Londres, Panther Books, 1975; Neville Thompson, *Wellington after Waterloo*, Londres, Routledge and Kegan Paul, 1986; Richard Holmes, *Wellington. The Iron Duke*, Hammersmith, Harper Collins, 2003; Boyd Hilton, *Corn, Cash, Commerce. The Economic Policies of the Tory Governments, 1815-1830*, Oxford, Oxford University Press, 1977; Ana Gambles, *Protection and Politics. Conservative Economic Discourse, 1815-1852*, Londres, Royal Historical Society, 1999.

Para un análisis minucioso y formal, interno, del funcionamiento del gobierno, véase Peter Jupp, *British Politics on the Eve of Reform. The Duke of Wellington's Administration, 1828-1830*, Londres, Macmillan, 1998.

27. Sobre los últimos días y la muerte de Luis XVIII, véase Evelyne Lever, *Louis XVIII*, París, Fayard, 1988, pp. 555-558; Catherine Decours, *La dernière favorite. Zoé du Cayla, le grand amour de Louis XVIII*, París, Perrin, 1993, pp. 330-338; Michel Poniatowski, *Louis-Philippe et Louis XVIII*, París, Perrin, 1990, pp. 462-466; María Amelia de Borbón-Dos Sicilias, *Journal*, París, Perrin, 1980, pp. 313-329; Condesa de Boigne, *Mémoires*, III, pp. 152-160.

28. Sobre el reinado de Carlos X, véase Jean Fourcassié, *Villèle*, París, Fayard, 1954; Emmanuel de Waresquiel y Benoît Yvert, *Histoire de la Restauration, 1814-1830*, París, Perrin, 1996; G. de Bertier de Sauvigny, *Metternich et la France après le Congrès de Vienne*, París, Hachette, 1968-1971 y *La Restauration*, París, Flammarion, 1974; Almut Franke, «La loi de l'indemnité de 1825 dans l'arrondissement de Bordeaux», en *Annales du Midi*, CIX (1997), n.º 218, pp. 223-245; Landric Raillat, *Charles X. Le sacre de la dernière chance*, París, Olivier Orban, 1991; Ferdinand de Bertier, *Souvenirs d'un ultra-royaliste, 1815-1832*, París, Tallandier, 1993.

29. Véanse las negociaciones de los ultras en Ferdinand de Bertier, *Souvenirs*, pp. 290-308. Sobre la vida de Polignac, véase Pierre Harmel, *Le prince Jules de Polignac, ministre de Charles X, 1780-1847*, París, Les livres nouveaux, 1941, aunque la mayoría de los datos proceden de las biografías de Vieilh de Boisjolin Rabbe et Sainte-Preuve, *Biographie universelle et portative des contemporains*, París, Levrault, 1834, V, pp. 593-595; Pasquier, *Mémoires. 1830*, p. 12 y Boigne, *Mémoires*, citas de pp. 264 y 270; Barthélemy, *Introduction du régime*, p. 104-106; Dupin, *Mémoires*, II, pp. 113-114.

30. Sobre la campaña de Grecia, véase René Bittard des Portes, *Les campagnes de la Restauration (Espagne-Morée-Madagascar-Alger)*, Ginebra, Slatkine, 1975 (reedición facsímil de la de Tours, 1899); David Brewer, *The Flame of Freedom. The Greek War of Independence, 1821-1833*, Londres, John Murray, 2001; H. Lauvergne, *Noticias de la Grecia durante la campaña de 1825*, Barcelona, José Torner, 1829. Con referencia a Argel, véase un relato minucioso de las acciones militares del bando francés en Bittard, *Les campagnes de la restauration*, pp. 558-743; he utilizado también la visión de los vencidos que nos ofrecen Amar Hamdani, *La vérité sur l'expédition d'Alger*, [París], Balland, 1985 y, sobre todo, Hamdan Khodja, *Le miroir*, París, Sindbad, 1985. Sobre la rapiña de los recursos públicos de la regencia, véase Khodja, *Le Miroir*, pp.178-184; Hamdani, *La vérité*, pp. 229-300.

31. Waresquiel i Yvert, *Histoire de la Restauration*, pp. 443-449; Pasquier, *Mémoires*, pp. 47-54; Dupin, *Mémoires*, II, pp. 115-134; Philip Mansel, *Paris Between Empires, 1814-1852*, Londres, John Murray, 2001, pp. 226-232.

32. Bertier de Sauvigny, *La restauration*, pp. 432-435; Waresquiel y Yvert, *Histoire de la restauration*, pp. 448-456; Pasquier, *Mémoires*, pp. 59-83; Bertier, *Souvenirs d'un ultra-royaliste*, pp. 360-365; Boigne, *Mémoires*, p. 320.

Capítulo 5. 1830: la invención de la revolución burguesa

1. David H. Pinkney, *The French Revolution of 1830*, Princeton, Princeton University Press, 1972; G. de Bertier de Sauvigny, *La restauration*, París, Flammarion, 1974 y *La révolution de 1830 en France*, París, Armand Colin, 1970; Emmanuel de Waresquiel y Benoit Yvert, *Histoire de la restauration, 1814-1830. Naissance de la France moderne*, París, Perrin, 1996; Pamela Pilbeam, *The 1830 Revolution in France*, Londres, Macmillan, 1991; Philip Mansell, *Paris Between Empires, 1814-1852*, Londres, John Murray, 2001 hace un excelente y minucioso relato de los acontecimientos en pp. 226-279; Laurent Louessard, *La révolution de juillet 1830*, París, Spartacus, 1990; María Amelia de Borbón-Dos Sicilias, *Journal de Marie-Amélie, reine des Français, 1800-1866*, París, Perrin, 1980; Raymond Recouly, *Louis Philippe roi des français. Le chemin vers le trône*, París, Les éditions de France, 1930; Madeleine Bourset, *Casimir Perier. Un prince financier au temps du romantisme*, París, Publications de la Sorbonne, 1994; J. Lucas-Dubreton, *La manière forte. Casimir Perier et la révolution de 1830*, París, Bernard Grasset, 1929; Pierre Rosanvallon, *La monarchie impossible. Les chartes de 1814 et de 1830*, París, Fayard, 1994; John M. Merriman, ed., *1830 in France*, Nueva York, New Viewpoints, 1975; A. Thiers, *La monarquía de 1830*, Madrid, Sojo, 1842; Michel Winock, *Las voces de la libertad*, Barcelona, Edhasa, 2004; Gabriel de Broglie, *Guizot,* París, Perrin, 1990, pp. 109-124; Jean-Paul Bled, *Les lys en exil ou la seconde mort de l'Ancien régime*, París, Fayard, 1992; Louis Blanc, *Historia de diez años, o sea de la revolución de 1830 y de sus consecuencias en Francia y fuera de ella hasta fines de 1840*, Barcelona, Oliveres, 1845-1847; E.-D. Pasquier, *Mémoires du chancelier Pasquier [VII] 1830*, París, Plon, s. a.; Condesa de Boigne, *Mémoires de la comtesse de Boigne, née d'Osmond*, París, Plon y Émile-Paul Frères, 1907 y 1924; M. Dupin, *Mémoires de M. Dupin*, París, Plon, 1855-1861; Enrique

Heine, *Lo que pasa en Francia, 1831-1832*, Madrid, Revista de Occidente, 1935; Christophe Charle, *Histoire sociale de la France au XIXe siècle*, París, Seuil, 1991; Peter Mc.Phee, *A Social History of France, 1780-1880*, Londres, Routledge, 1992. Sobre la composición social de los insurrectos en París, véase Mansell, *París Between Empires*, p. 240.

2. Paul M. Schroeder, *The Transformation of European Politics, 1763-1848*, Oxford, Clarendon Press, 1996, pp. 670-691, «The Belgian Question»; Mark Traugott, *The Insurgent Barricade*, Berkeley, University of California Press, 2010, pp. 93-123.

3. W. H. Zawadzki, *A Man of Honour. Adam Czartoryski as a Stateman of Russia and Poland, 1795-1831*, Oxford, Clarendon Press, 1993; M. Hartley, *Alexander I*, Londres, Longman, 1994; Michael Krupensky, *The Secret Societies in Russia and the Decembrist Movement*, Ann Arbor, University Microfilms International, 1979; A. G. Mazour, *The First Russian Revolution, 1825*, Stanford, Stanford University Press, 1977; *Informe presentado a S.M. el emperador de Rusia por la comisión de pesquisa sobre los acontecimientos de 26 de diciembre de 1825 en San Petersburgo*, Madrid, Imprenta Real, 1826; Jan Bondeson, *The Great Pretenders*, Nueva York, Norton, 2004, pp. 121-150 («The Emperor and the Hermit»); Geofrey Hosking, *Russia. People and Empire*, Cambridge, Mass., Harvard University Press, 1997, pp. 171-182; Michael Heller, *Histoire de la Russie*, París, Flammarion, 1999, pp. 686-695.

4. Giorgio Candeloro, *Storia dell'Italia moderna*, II (1815-1848), Milán, Feltrinelli, 1981, pp. 160-242; Alessandro Piccioni, *I moti carbonari del 1831*, Florencia, La Nuova Italia, 1972; Guido Ruffini, *Le cospirazioni del 1831 nelle memorie di Enrico Misley*, Bolonia, Zanichelli, 1931; Steven C. Hughes, *Crime, Disorder and the Risorgimento. The Politics of Policing in Bologna*, Cambridge, Cambridge University Press, 1994; Denis Mack Smith, *Il risorgimento italiano. Storia e testi*, Roma, Laterza, 1987, pp. 69-96; Mario Caravale y Alberto Caracciolo, *Lo stato pontificio de Martino V a Pio IX* (vol. 40 de la *Storia d'Italia* dirigida por Giuseppe Galasso), Turín, UTET, 1978, pp. 615-625.

5. Thomas Nipperdey, *Germany from Napoleon to Bismarck, 1800-1866*, Dublin, Gill and Macmillan, 1996, pp. 323-333; Alan Palmer, *Metternich*, Londres, Weidenfeld and Nicolson, 1972, pp. 246-262; Paul M. Schoeder, *The Transformation of European Politics*, pp. 699-705; M E. Chamberlain, *British Foreign Policy in the Age of Palmerston*, Londres, Longman, 1980.

6. Jean Berenger, *El imperio de los Habsburgo. 1273-1918*, Barcelona, Crítica, 1993; Robin Okey, *The Habsburg Monarchy, c.1765-1918: from En-*

lightenment to Eclipse, Basingstoke, Macmillan, 2001; Robert A. Kann, *A History of the Habsburg Empire, 1526-1918*, Nueva York, Barnes and Noble, 1992; Alan Sked, *The Decline and Fall of the Habsburg Empire, 1815-1918*, Londres, Longman, 1989 y *Europe's Balance of Power, 1815-1848*, Londres, Macmillan, 1979; Alan Palmer, *Metternich*, Londres, Weidenfeld and Nicolson, 1972; Jens Christian Jensen, *Caspar David Friedrich. Vida y obra*, Barcelona, Blume, 1980.

7. Sobre el malestar rural en Gran Bretaña, véase E. J. Hobsbawm y G. Rude, *Revolución industrial y revuelta agraria: el capitán Swing*, Madrid, Siglo XXI, 1978; John E. Archer, *Social Unrest and Popular Protest in England, 1780-1840*, Cambridge, Cambridge University Press, 2000 y *By a Flash and a Scare. Incendiarism, Animal Maiming and Poaching in East Anglia,* Oxford, Clarendon Press, 1990; Andrew Charlesworth, ed., *An Atlas of Rural Protest in Britain, 1548-1900*, Londres, Croom Helm, 1983; J. P. D. Dunbabin, *Rural Discontent in Nineteenth Century Britain*, Londres, Faber and Faber, 1974; George Rudé, «Why Was There No Revolution in England in 1830 or 1848?», en *The Face of the Crowd. Studies in Revolution, Ideology and Popular Protest*, ed. por Harvey J. Kaye, Londres, Harvester Wheatsheaf, 1988, pp. 148-163; Charles Tilly, *Popular Contention in Great Britain, 1758- 1834*, Cambridge, Mass., Harvard University Press, 1995.

8. Elizabeth Longford, *Wellington, Pillar of State*, Londres, Panther Books, 1975; Neville Thompson, *Wellington after Waterloo*, Londres, Routledge and Kegan Paul, 1986; Richard Holmes, *Wellington. The Iron Duke*, Hammersmith, Harper Collins, 2003; Norman Gash, ed., *Wellington. Studies in the Military and Political Career of the First Duke of Wellington*, Manchester, Manchester University Press, 1990 (Gash, «The Duke of Wellington and the Prime Ministership, 1824-30», pp. 117-138 y K. A. Noyce, «The Duke of Wellington and the Catholic Question», pp. 139-158); Peter Jupp, *British Politics on the Eve of Reform. The Duke of Wellington's Administration, 1828-1830*, Houndmills, Macmillan, 1998; Boyd Hilton, *Corn, Cash, Commerce. The Economic Policies of the Tory Government, 1815-1830*, Oxford, Oxford University Press, 1977.

9. E. A. Smith, *Lord Grey, 1764-1845*, Londres, Alan Sutton, 1993; L. G. Mitchell, *Lord Melbourne, 1779-1848*, Oxford, Oxford University Press, 1997; Michael Brock, *The Great Reform Act*, Londres, Hutchinson, 1973; W. N. Molesworth, *The History of the Reform Bill of 1832*, publicado inicialmente en 1865, reimpresión de Clifton, Augustus M. Kelley, 1972; J. R. Dinwiddy, *From Luddism to the First Reform Bill*, Oxford, Blackwell, 1986; Norman Gash, *Aristocracy and People. Britain, 1815-1865*, Londres, Ed-

ward Arnold, 1979; Anna Gambles, *Protection and Politics. Conservative Economic Discourse, 1815-1852*, Londres, Royal Historical Society, 1999; K. D. M. Snell, *Annals of the Labouring Poor. Social Change and Agrarian England*, Cambridge, Cambridge University Press, 1985, pp. 114-137; W. D. Rubinstein, *Men of Property: the Very Wealthy in Britain Since the Industrial Revolution*, Londres, Croom Helm, 1981 y *Wealth and Inequality in Britain*, Londres, Faber and Faber, 1986; Boyd Hilton, *A Mad, Bad and Dangerous people? England, 1783-1846*, Oxford, Oxford University Press, 2006 y *Corn, Cash, Commerce. The Economic Policies of the Tory Governments, 1815-1830*, Oxford, Oxford University Press, 1977.

10. Richard J.Evans, «Epidemics and Revolutions: Cholera in Nineteenth-Century Europe», en Terence Ranger y Paul Slack, eds., *Epidemics and Ideas. Essays on the Historical Perception of Pestilence*, Cambridge, Cambridge University Press, 1996, pp. 149-173 (publicado anteriormente en *Past and Present*, n.º 1.120, 1988); Louis Chevalier, *Le choléra, la première épidémie du XIXe siècle*, La Roche-sur-Yon, 1958; François Delaporte, *Disease and Civilisation: The Cholera in Paris, 1832*, Cambridge, Mass., M.I.T., 1986.

11. Sobre la «fábrica» de Lyon, Fernand Rude, *L'insurrection lyonnaise de novembre 1831*, París, Anthropos, 1969; Maurice Moissonnier, *La révolte des canuts. Lyon, novembre 1831*, París, Editions Sociales, 1975; Pinkney, *The French Revolution of 1830*, pp. 214-217; Roger Magraw, *A History of the French Working Class. I: The Age of Artisan Revolution, 1815-1871*, Oxford, Blackwell, 1992, pp. 58-66. La descripción de Alejandro Dumas es de *Louis-Philippe*, París, Olivier Orban, 1981, p. 227 (un libro que merece más atención de la que se le concede). Sobre la revuelta de 1848 y la destrucción de máquinas, Mary Lynn Stewart-McDougall, *The Artisan Republic. Revolution, Reaction and Resistance in Lyon, 1848-1851*, Kingston, McGill-Queen's University Press, 1984.

12. Philip Mansel, *Paris Between Empires, 1814-1852*, Londres, John Murray, 2001, pp. 288-291.

13. Robert Gildea, *Children of the Revolution. The French, 1799-1814*, Londres, Allen Lane, 2008; Francis Démier, *La France au XIXe siècle*, París, Seuil, 2000; A. Jardin y A. J. Tudesq, *La France des notables*, París, Seuil, 1973, 2 vols., David Higgs, *Nobles, titrés, aristocrates en France après la Révolution, 1800-1870*, París, Liana Levi, 1990; David H. Pinkney, *Decisive Years in France, 1840-1847*, Princeton, Princeton University Press, 1986; Guy Antonetti, *Louis-Philippe*, París, Fayard, 1994; Georges Balance, *Thiers, bourgeois et révolutionnaire*, París, Flammarion, 2007; Gabriel de Broglie, *Guizot*, París, Perrin, 1990; John Charmley, *The Princess and the*

Politicians, Londres, Viking, 2005; F. Guizot, *Lettres de François Guizot et de la princesse de Lieven*, París, Mercure de France, 1963-1964, 3 vols.; Enrique Heine, *Lo que pasa en Francia, 1831-1832*, Madrid, Revista de Occidente, 1935; Charles Ledré, *La presse à l'assaut de la monarchie, 1815-1848*, París, Armand Colin, 1960; Jean-Paul Bled, *Les lys en exil, ou la seconde mort de l'Ancien Régime*, París, Fayard, 1992: J. Lucas-Dubreton, *La duchesse de Berry*, París, Flammarion, 1935; una visión conservadora del régimen, en Charles de Lacombe, *Berryer et la monarchie de Juillet*, París, Firmin Didot, 1895. Sobre el sistema electoral, véase Pierre Rosanvallon, *Le sacre du citoyen. Histoire du suffrage universel en France*, París, Gallimard, 1992, pp. 300-327. Las complejidades diplomáticas de la «cuestión de Oriente» entre 1838 y 1841 están muy bien explicadas en Paul W. Schroeder, *The Transformation of European Politics, 1763-1848*, Oxford, Clarendon Press, 1996. pp. 736-756; sobre la actitud británica, véase L. G. Mitchell, *Lord Melbourne, 1779-1848*, Oxford, Oxford University Press, 1997, pp. 200-205. Sobre la industria textil en Egipto, véase Sven Beckert, *El imperio del algodón. Una historia global*, Barcelona, Crítica, 2016, pp. 208-212. Chamberlain, *British Foreign Policy in the Age of Palmerston*, pp. 39-42 y 113-116; L. G. Mitchell, *Lord Melbourne, 1779-1848*, Oxford, Oxford University Press, 1997, pp. 200-207.

14. De la extensa bibliografía sobre el tema me limitaré a señalar el libro de Manfred Kossok *et al.*, *Las revoluciones burguesas. Problemas teóricos*, Barcelona, Crítica, 1983 y el exhaustivo repaso de las ideas en Neil Davidson, *Transformar el mundo: revoluciones burguesas y revolución social*, Barcelona, Pasado & Presente, 2013. La cita de Thiers es de *La monarquía de 1830*, pp. 17-18.

15. Extraigo estas noticias del artículo «Bourgeosie» de Guy Antonetti en Jean Tulard, ed., *Dictionnaire Napoléon*, París, Fayard, 1987, p. 279. Marx adoptará los términos franceses *bourgeois* y *bourgeoisie* en lugar del alemán *Bürgertum* para designar la clase (sobre los sentidos de *Bürgertum*, véase Jürgen Kocka, «The European Pattern and the German Case» en J. Kocka y A. Mitchell, eds., *Bourgeois Society in Ninetennth-Century Europe*, Oxford, Berg, 1993, pp. 3-39). En España, donde el *Diccionario de la Real Academia* de 1791 recoge «burgués» como «lo perteneciente al burgo o aldea y al nacido en ella», la acepción francesa aparece a partir de 1830 en la forma *bourgeoisie*. El ejemplo más notable es el marqués de Villaverde de Limia que en el Consejo de Estado denuncia en 1831 «cierta tendencia a la ciudadanía o *bourgeoisie*, que ha destruido el trono de Carlos X» y la relaciona con «esta tendencia particular del siglo a sustituir una nueva y despiadada aristocracia mer-

cantil a la antigua, necesaria y generosa de la propiedad». (Archivo Histórico Nacional, Estado, Libro 41d *Consejo de Estado 1831*, de 14 de febrero a 7 de marzo de 1831).

16. Parto de visiones posteriores a la oleada revisionista que culminó en el bicentenario de 1989, coincidiendo con la crisis de la Unión Soviética, como Peter McPhee, *La revolución francesa, 1789-1799*, Barcelona, Crítica, 2003; Jean-Clement Martin, *La revolución francesa: una nueva historia*, Barcelona, Crítica, 2013; Michel Biard, ed., *La révolution française: une histoire toujours vivante*, París, Tallandier, 2014; Timothy Tackett, *El terror en la revolución francesa*, Barcelona, Pasado & Presente, 2015, etc. Un comentario contemporáneo al revisionismo: Eric Hobsbawm, «The Making of a Bourgeois Revolution», en *Social Research*, 56 (1989), n.º 1, pp. 5-31. Para una revisión de la «revolución agraria» en Francia, véase Pierre de Saint Jacob, *Les paysans de la Bourgogne du Nord au dernier siècle de l'Ancien Régime*, ed. original, París, Société Les Belles Lettres, 1960, reedición, Rennes, Association d'histoire des sociétés rurales, 1995; John Markoff, *The Abolition of feudalism. Peasants, Lords and Legislators in the French Revolution*, University Park, The Pennsylvania State University Press, 1996; Anatoli Ado, *Paysans et révolution. Terre, pouvoir et jacquerie 1789-1794*, París, Société des Études Robespierristes, 1996.

17. Pierre-Louis Roederer, *L'esprit de la révolution de 1789*, París, 1831, cita de p. 33; sobre Roederer, Sergio Moravia, *Il pensiero degli idéologues*, Florencia, La Nuova Italia, 1994 y Neil Davidson, *Transformar el mundo: revoluciones burguesas y revolución social*, Barcelona, Pasado & Presente, 2013, pp. 121-124, «Roederer: capitalista industrial y burgués revolucionario»; F. P. G. Guizot, *Mémoires pour servir à l'histoire de mon temps*, París, Michel Lévy, 1858-1867, I, p. 27.

18. Christophe Charle, *Histoire sociale de la France au XIXe siècle*, París, Seuil, 1991; Jacques Dupâquier y Denis Kessler, eds., *La société française au XIXe siècle. Traditions, transition, transformation*, París, Fayard, 1992; André Jardin, *La France des notables*, París, Seuil, 1973, 2 vols; Thomas D. Beck y Martha W. Beck, *French Notables. Reflections of Industrialization and Regionalism*, Nueva York, Peter Lang, 1987; E. P. Thompson, *Costumbres en común*, Barcelona, Crítica, 1995.

19. Pierre Rosanvallon, *La monarchie impossible: les chartes de 1814 et de 1830*, París, Fayard, 1994; Émile Coornaert, *Destins de Clio en France depuis 1800*, París, Éditions Ouvrières, 1977, p. 27; Pim den Boer, *History as a Profession. The Study of History in France, 1818-1914*, Princeton, Princeton University Press, 1998, p.76.

20. John Brewer, *The Sinews of Power. War, Money and the English State, 1688-1783*, Londres, Unwin Hyman, 1989; Henry Roseveare, *The Financial Revolution, 1660-1760*, Londres, Longman, 1991. Una visión comparada de la evolución de los impuestos y las finanzas estatales puede encontrase en los dos volúmenes colectivos, dirigidos por Richard Bonney, *Economic Systems and State Finance*, Oxford, Oxford University Press, 1995 y *The Rise of the Fiscal State in Europe, c. 1200-1815*, Oxford, Oxford University Press, 1999. Sobre el proceso de «nacionalización», véase Linda Colley, *Britons. Forging the Nation, 1707-1837*, Londres, Pimlico, 1994; Christopher Harvie, «Uncool Britannia. Linda Colley's *Britons* Reconsidered», en *Times Literary Supplement*, 8 de enero, 1999, p. 12; P. G. M. Dickson, *The Financial Revolution in England. A Study in the Development of Public Credit, 1688-1756*, Nueva York, St. Martin's Press, 1967. Sobre las ejecuciones, véase V. A. C. Gatrell, *The Hanging Tree*, Oxford, Oxford University Press, 1994. Christopher Hill, *The World Turned Upside Down*, Londres, Temple Smith, 1972 (cita de p. 15).

21. Francisco Comín Comín, «Una "burguesía revolucionaria" poco revolucionaria en cuestiones de hacienda (1808-1874)» en *Áreas. Revista internacional de ciencias sociales,* 37 (2018), pp. 79-91.

22. *Diario de sesiones de las Cortes constituyentes (1836-1837)*, Madrid, 1870, II, p. 790; Eudaldo Jaumeandreu, *Catecismo razonado o esplicación de los artículos de la constitución política de la monarquía española publicada en 18 de junio de 1837*, Barcelona, Gaspar, 1839, p. 12; R. J. Goldstein, *Political Repression in 19th Century Europe*, Londres, Croom Helm, 1983, pp. 4-5; Christophe Charle, *Histoire sociale de la France au XIXe siècle*, p.27.

23. Eric Hobsbawm, *La era de la revolución*, Barcelona, Crítica, 2012, p. 253; Neil Davidson, *Transformar el mundo: revoluciones burguesas y revolución social*, Barcelona, Pasado & Presente, 2013, «nota sobre las reproducciones»; *Journal de Delacroix, 1822-1863*, edición de André Jubin, Ginebra, La Palatine, 1943, p. 93.

Capítulo 6. Capitalismo: el gran salto hacia adelante

1. David Eltis y David Richardson, *Atlas of the Transatlantic Slave Trade*, New Haven, Yale University Press, 2010; David Eltis, «The Nineteenth-Century Transatlantic Slave Trade; an Anual Time Series of Imports into the Americas Broken Down by Region», en *Hispanic American Historical*

Review, 67-1 (1987), pp. 109-138; Kenneth Morgan, *Cuatro siglos de esclavitud transatlántica*, Barcelona, Crítica, 2017; Eric Williams, *Capitalismo y esclavitud*, Madrid, Traficantes de Sueños, 2011; Brenda E. Stevenson, *What is Slavery?*, Cambridge, Polity Press, 2015; Marcus Rediker, *El barco de los esclavos. Una historia humana*, La Habana, Imagen Contemporánea, 2014. Utilizo los datos cuantitativos de *The Trans-Atlantic Slave Trade Database.*

2. Erika Rappaport, *A Thirst for Empire. How Tea Shaped the Modern World*, Princeton, Princeton University Press, 2017; Takeshi Hamashita, «Foreign Trade Finance in China. Silver, Opium, and World Market Incorporation, 1830 to 1850s», en Takeshi Hamashita, *China, East Asia and the Global Economy*, Abingdon, Routledge, 2008, pp. 114-144.

3. Dale W. Tomich, *Through the Prism of Slavery. Labor, Capital, and World Economy* Lanham, Rowman and Littlefield, 2004, pp. 56-71. Sobre los antecedentes de la «segunda esclavitud» y su relación con la *glorious revolution*, véase Gerald Horne, *The Apocalypse of Settler Colonialism. The Roots of Slavery, White Supremacy, and Capitalism in Seventeenth Century North America and the Caribbean*, Nueva York, Monthly Review Press, 2018; Louis Proyect, «Slavery and the Origins of Capitalism», en *Counterpunch*, 24 de agosto de 2018; Jamelle Bouie, «The Enlightenment's Darkest Side. How the Enlightenment Created Modern Race Thinking, and Why We Should Confront It», en *The Slate*, 5 de junio de 2018.

4. L. G. Mitchell, *Lord Melbourne, 1779-1848*, Oxford, Oxford University Press, 1997, p. 198.

5. Nick Robins, *The Corporation That Changed the World*, Londres, Pluto Press, 2012; Nicholas B. Dirks, *The Scandal of Empire. India and the Creation of Imperial Britain*, Cambridge, Mass., Belknap Press, 2006; Maya Jasanoff, *Edge of Empire*, Londres, Fourth State, 2005.

6. Stephen Platt, *Imperial Twilight. The Opium War and the End of China's Last Golden Age*, Londres, Atlantic Books, 2018; Peter Ward Fay, *The Opium War, 1840-1842*, University of North Carolina Press, 1975. La guerra, sin embargo, no merece siquiera una mención en la biografía del primer ministro que la declaró, L. G. Mitchell, *Lord Melbourne, 1779-1848*, Oxford, Oxford University Press, 1997.

7. Olivier Petré-Grenouilleau, *L'argent de la traite. Milieu négrier, capitalisme et développement: un modèle*, París, Aubier, 1996; François Renault, *Les traites negrières en Afrique*, París, Karthala, 1985; Fred Célimène y André Legris, *L'économie de l'esclavage colonial*, París, CNRS, 2002; Caroline Oudin-Bastide, *Travail, capitalisme et société esclavagiste: Guadeloupe, Martinique (XVIIe-XIXe siècles)*, París, La Découverte, 2005. Sobre el

caso de *La Méduse*, véase Jean Sagne, *Géricault*, París, Fayard, 1991; Lorenz Eitner, *Géricault: sa vie, son oeuvre*, París, Gallimard, 1991; Jonathan Miles, *Medusa. The Shipwreck, the Scandal, the Masterpiece*, Londres, Jonathan Cape, 2007; Henry Zerner, *Géricault*, s. l., Editions Carré, 1997; Martial Guédron, *La plaie et le couteau. La sensibilité anatomique de Théodore Géricault, 1791-1824*, París, Kimés, 1997.

8. José Luciano Franco, *Historia de la revolución de Haití*, La Habana, Instituto de Historia, 1966; Franklin W, Knight, «The Haitian Revolution», en *American Historical Review*, 105 (2000), n.º 1, pp. 103-115; Mary Reckord, «The Jamaica Slave Revolt of 1831», en *Past and Present*, n.º 40 (1968), pp. 108-125.

9. La procedencia de los tres textos citados en estos párrafos es: *Gaceta de Marid*, 27 de enero de 1824, p. 52; *Actas del Consejo de Ministros. Fernando VII*, Madrid, Ministerio de Relaciones con las Cortes, 1989, I (1824 y 1825), p. 379 y *Actas del Consejo de Ministros. Fernando VII,* Madrid, 1992, V (1830), p. 61.

10. Como guía principal, Manuel Moreno Fraginals, *El ingenio: complejo económico social cubano del azúcar*, Barcelona, Crítica, 2001. Además, Raúl Cepero Bonilla, *Azúcar y abolición*, Barcelona, Crítica, 1976; Juan Pérez de la Riva, *Para la historia de las gentes sin historia*, Barcelona, Ariel, 1976, *El barracón: esclavitud y capitalismo en Cuba*, Barcelona, Crítica, 1978 y *Los culíes chinos en Cuba*, La Habana, Editorial de Ciencias Sociales, 2000; Fernando Ortiz, *Contrapunteo cubano del tabaco y el azúcar*, Barcelona, Ariel, 1973; José Antonio Piqueras, ed., *Plantación, espacios agrarios y esclavitud en la Cuba colonial*, Castellón, Universitat Jaume I, 2017; Gloria García, *La esclavitud desde la esclavitud*, La Habana, Ciencias Sociales, 2003; Pierre Dockès, «Le paradigme sucrier (XIe-XIXe siècle)», en Fred Celimène y André Degris, *L'économie de l'esclavage colonial*, París, CNRS éditions, 2002, pp. 179-207; Dale W. Tomich, «World Slavery and Caribbean Capitalism. The Cuban Sugar Industry, 1760-1858» en *Through the Prism of Slavery*, pp. 75-94; Pablo Tornero, «El trabajo esclavo en Cuba (1765-1834)», en Francis Blanchard *et al.*, *El trabajo en la historia*, Salamanca, Universidad de Salamanca, 1996, pp. 211-252. En otra dimensión geogràfica, Jan Breman y E. Valentine Daniel, «The Making of a Coolie», en *Journal of Peasant Studies*, 19 (1992), n.º 3/4, pp. 268-295, en un monográfico sobre las plantaciones en el sudeste asiático.

11. Joseph C. Miller, *Way of Death, Merchant Capitalism and the Angolan Slave Trade, 1730-1839*, Madison, The University of Wisconsin Press, 1988; Fernando A. Novais, *Portugal e Brasil: na crise do antigo sistema co-*

lonial, 1777-1808, Sao Paulo, Hucitec, 1979; Stuart B. Schwartz, *Slaves, Peasants and Rebels. Reconsidering Brazilian Slavery*, Urbana, University of Illinois Press, 1992; Roy E. Finkenbine, «Want to Understand American Slavery?», en *History News Network*, 22 de julio de 2018.

12. Las fuentes básicas de este apartado son: Sven Beckert, *El imperio del algodón. Una historia global*, Barcelona, Crítica, 2016; Sven Beckert y Seth Rockman, eds., *Slavery's Capitalism. A New History of American Economic Development*, Filadelfia, University of Pensylvania Press, 2016; Steven Deyle, *Carry Me Back. The Domestic Slave Trade in American Life*, Nueva York, Oxford University Press, 2005; Ronald Bailey, «The Other Side of Slavery: Black Labor, Cotton, and Textile Industrialisation in Great Britain and the United States», en *Agricultural History*, 68 (1994), n.º 2, pp. 35-50; Walter Johnson, *Soul by Soul: Life Inside the Antebellum Slave Market*, Cambridge, Mass., Harvard University Press, 1999; Michael Tadman, «The Demographic Cost of Sugar. Debates on Slave Societies and Natural Increase in the Americas», en *American Historical Review*, 2000 (105) n.º 5, pp. 1534-1575; Robin Lindley, «Poor Whites and Slavery in the Antebellum South: an Interview with Historian Keri Leigh Merritt», en *History News Network*, 5 de noviembre de 2017. Sobre la interpretación «cliométrica» de la esclavitud, véase A. H. Conrad y J. R. Meyer, *The Economics of Slavery and Other Studies in Economic History*, Chicago, Aldine, 1964; Robert W. Fogel y Stanley L. Engerman, *Time on the Cross*, Boston, Little, Brown and Co., 1974, 2 vols.; Robert W. Fogel y Stanley L. Engerman, *Without Consent or Contract: the Rise and Fall of American Slavery*, Nueva York, Norton, 1989-1992, 3 vols. Sobre las visiones benevolentes de la esclavitud, véase Blains Roberts y Ethan J. Kytle, «The Historian Behind Slavery Apologists, like Kanye West», en *New York Times*, 3 de mayo de 2018.

13. Edward L. Baptist, *The Half Has Never Been Told. Slavery and the Making of American Capitalism*, Nueva York, Basic Books, 2016, y «Towards a Political Economy of Slave Labor. Hands, Whipping-Machines and Modern Power», en Sven Beckert y Seth Rockman, eds., *Slavery's Capitalism*, pp. 11-61; en este mismo volumen, pp. 107-121, Bonnie Martin estudia el papel fundamental del crédito local en el negocio esclavista, «Neighbor-to-Neighbor Capitalism: Local Credit Networks and the Mortgaging of Slaves». Sobre la dimensión política del tema: Mathew Karp, *This Vast Southern Empire. Slaveholders at the Helm of American Foreign Policy*, Cambridge Mass., Harvard University Press, 2016. No deja de sorprender que los estudiosos actuales de la guerra con México omitan cualquier relación con el tema de la esclavitud. Véase, por ejemplo, James Oakes, «The Wicked War»,

en *New York Review of Books*, 23 de noviembre-6 de diciembre de 2017, pp. 45-46. Sobre la financiación de las universidades, véase Giovanna Paz, «New Findings from Penn Slavery Project Show How U[niversity] Benefited Financially from Enslaved Labor», en *The Daily Pennsylvanian*, 24 de abril de 2018; Maniu Liu, «Penn Unveils New Findings on History with Slavery: Over 75 Former Trustees Owned Slaves», en *The Daily Pennsylvanian*, 29 de junio de 2018; «Slavery, in Every Way Imaginable, Was Central", University of Virginia, *Washington Post*, 7 de agost de 2018; Chuck Hinman, «Providence College Professor Investigates Slavery and Banking», en *Rhode Island Public Radio*, 10 de mayo de 2018; Sara Mervosh, «Remains of Black People Forced into Labor after Slavery Are Discovered in Texas», en *New York Times*, 18 de julio de 2018; Camille Busette y Vanessa Williamson, «In Charlottesville, Proof of America's Utter Failure to Reckon With the Brutal Legacy of Slavery», en *Brookings*, 7 de agosto de 2018.

Capítulo 7. 1848: El triunfo de la burguesía

1. Helge Berger y Mark Spoerer, «Economic Crises and the European Revolutions of 1848», en *Journal of Economic History*, 61 (2001), n.º 1, pp. 293-326; C. N. Ward-Perkins, «The Commercial Crisis of 1847», en *Oxford Economic Papers*, nueva serie, 2 (1950), n.º 1, pp. 75-94; Eric Vanhaute, Richard Paping y Cormac Ó Gráda, «The European Subsistence Crisis of 1845-1850: A Comparative Perspective», Congreso Internacional de Historia Económica de Helsinki, 2006, sesión 123.

2. John Komlos, «Shrinking in a Growing Economy? The Mistery of Physical Stature during the Industrial Revolution», en *Journal of Economic History*, 58 (1998), n.º 3, pp. 779-802; Robert C. Allen *et al.*, eds., *Living Standards in the Past. New Perspectives on Well-Being in Asia and Europe*, Oxford, Oxford University Press, 2005 y Roderick Floud *et al.*, *The Changing Body. Health, Nutrition, and Human Development in the Western World since 1700*, Cambridge, Cambridge University Press, 2011.

3. Joel Mokyr y Cormac Ó Gráda, «Poor and Getting Poorer? Living Standards in Ireland Before the Famine», en *Economic History Review*, 41 (1988), n.º 2, pp. 209-235; Cormac Ó Gráda, *Ireland Before and After the Famine. Explorations in Economic History, 1800-1924*, Manchester, Manchester University Press, 1993/2, «Ireland's Great Famine: An Overview», University College, Dublín, Department of Economics, Working Paper 04/25 y «Ireland», en Guido Alfani y Cormac Ô Gráda, eds., *Famine in Eu-*

ropean History, Cambridge, Cambridge University Press, 2017, pp. 166-184; Colm Tóibín y Diarmaid Ferriter, *The Irish Famine. A Documentary*, Londres, Profile Books, 2002; Cristine Kinealy, *A Death-Dealing Famine. The Great Hunger in Ireland*, Londres, Pluto Press, 1997; Barbara Maranzani, «After 168 years, Potato Famine Mystery Solved», en *History in the Headlines*, 21 de mayo de 2013; Woster Ronsijn, «Harvest Crises and Dearth crises: a Comparison of the Causes and Effects of the Food Crises of the 1840s and 1850s in Belgium», Ghent University. EED Research Group, c.2012; E. Labrousse, ed., *Aspects de la crise et de la dépression de l'économie française au milieu du XIXe siècle, 1846-1851*, La Roche sur Yon, Imprimerie Centrale de l'Ouest, 1956 (Bibliothèque de la Révolution de 1848, t. XIX); Martin Dribe, Mats Olsson y Patrick Svensson, «The Agricultural Revolution and the Conditions of the Rural Poor, Southern Sweden, 1750-1860», en *Economic History Review*, 70 (2017) n.º 2, pp. 483-508; L. M. Cullen, «Irish History Without the Potato», en *Past and Present*, n.º 40 (1968), pp. 72-83; Rebecca Earle, «How the Humble Potato Fuelled the Rise of Liberal Capitalism», en *The Conversation*, 3 de agosto de 2017. La cita de Adam Smith, *Wealth of Nations*, I, capítulo 11, 48.

4. Duncan Bythell, «The Hand-loom Weavers in the English Cotton Industry during the Industrial Revolution: Some Problems», en *Economic History Review*, 17 (1964), n.º 2, pp. 339-353; R. M. Hartwell, «Introduction» en D. Bythell, *The Handloom Weavers*, Cambridge, Cambridge University Press, 1969; Steven Marcus, *Engels, Manchester and the Working Class*, Nueva York, Random House, 1974; John Lee y Geoff Pilling, *The Condition of Britain. Essays on Frederick Engels*, Londres, Pluto Press, 1996; Anthony Howe, «Les hungry forties», en *Revue d'histoire du XIXe siècle* , n.º 52 (2016), pp. 47-64; Karl Marx, «Critical Notes on the Article: "The King of Prussia and Social Reform", by a Prussian» en *Vorwärts*, n.º 63, 7 de agosto de 1844 y n.º 64, 10 de agosto de 1844; Heinrich Heine, *Die Schlesischen Weber*.

5. No creo que merezca la pena adentrarnos en la inmensa bibliografía dedicada a estos personajes, que empieza en el *Manifiesto comunista* con la parte dedicada a «Literatura socialista y comunista» y que continúa con *Del socialismo utópico al socialismo científico* de Engels. Una síntesis como la de Gian Mario Bravo, *Historia del socialismo, 1789-1848,* Barcelona, Ariel, 1976, puede servir de guía. He utilizado alguna aportación reciente como la de Estrella Trincado y Manuel Santos-Redondo, *Economnics, Entrepreneurship and Utopia. The Economics of Jeremy Bentham and Robert Owen*, Londres, Routledge, 2018; pero sobre todo las aportaciones de Geoff Eley, *Un mundo que ganar*, Barcelona, Crítica, 2003, y, muy especialmente, las de

E. P. Thompson en el capítulo sobre la formación de la conciencia de clase en *La formación de la clase obrera en Inglaterra*, Barcelona, Crítica, 1989, II, pp. 313-452.

6. Los textos biográficos esenciales que se han utilizado son los de Jonathan Sperber, *Karl Marx. A Nineteenth-Century Life*, Nueva York, Liveright Publishing Corporation, 2013; Gareth Stedman Jones, *Karl Marx. Greatness and Illusion*, Londres, Allen Lane, 2016; David McLellan, *Karl Marx, su vida y sus ideas*, Barcelona, Crítica, 1977, y *Marx Before Marxism*, Nueva York, Harper and Row, 1970; el desgraciadamente inacabado de Auguste Cornu, *Karl Marx et Friedich Engels. Leur vie et leur oeuvre*, cuyo último volumen que he visto es el IV, «La formation du matérialisme historique, 1845-1846», París, P.U.F., 1970; Gustav Mayer, *Friedrich Engels, una biografía*, México, Fondo de Cultura Económica, 1978. Sobre los años de formación, véase David McLellan, *Marx y los jóvenes hegelianos*, Barcelona, Martínez Roca, 1969; Mario Rossi, *La génesis del materialismo histórico*, Madrid, Comunicación, 1971, 3 vols.; Paul Kagi, *La génesis del materialismo histórico*, Barcelona, Península, 1974, etc. Además, los primeros volúmenes de la *Historia del marxismo*, dirigida per Eric Hobsbawm *et al.*, Barcelona, Bruguera, 1979-1983; Karl Marx, *Los debates de la dieta renana*, Barcelona, Gedisa, 2007 y A. James McAdams, *Vanguard of the Revolution. The Global Idea of the Communist Party*, Princeton, Princeton University Press, 2017. Para el *Manifiesto* el volumen 9 de la OME, *Obras de Marx y Engels*, Barcelona, Crítica, 1978, que recoge una serie de materiales de 1847-1848, la edición bilingüe, con introducción de Eric Hobsbawm, Barcelona, Crítica, 1998. Sobre la campaña de Marx y Engels en Alemania, de abril de 1848 a mayo de 1849, el libro citado de Sperber, pp. 217-236.

7. Jerome Blum, *In the Beginning. The Advent of the Modern Age. Europe in the 1840s*, Nueva York, Scribner, 1994; Martin Lyons, *Post-Revolutionary Europe, 1815-1856*, Houndmills, Palgrave Macmillan, 2006; Jonathan Sperber, *The European Revolutions, 1848-1851*, Cambridge, Cambridge University Press, 1994; R. J. W. Evans y Hartmut Pogge von Stranbdmann, eds., *The Revolutions in Europe, 1848-1849*, Oxford, Oxford University Press, 2000; Jacques Godechot, *Les révolutioms de 1848*, París, Albin Michel, 1971; Karl Marx y Friedrich Engels, *Las revoluciones de 1848*, México, Fondo de Cultura Económica, 1989; Mark Traugott, *The Insurgent Barricade*, Berkeley, University of California Press, 2010.

8. L'Illustration, *Journées illustrées de la Révolution de 1848. Récit historique de tous les événements accomplis depuis le 22 février jusqu'au 24 décembre 1848*, París, L'Illustration, 1848-1849; Maurice Augulhon, *1848*

ou l'apprentissage de la république, 1848-1852, París, Seuil, 1992 y *Les quarante-huitards*, París, Gallimard, 1992; Henri Guillemin, *La première résurrection de la république: 24 février 1848*, París, Gallimard, 1967; André Jean Tudesq, *L'élection présidentielle de Louis-Napoléon Bonaparte: 10 décembre 1848*, París, Armand Colin, 1965 (sobre las dudas respecto a la legitimidad de Luis Napoleón, véase Pierre Banda, *La saga des Bonaparte*, París, Perrin, 2018, pp. 300-302); Karl Marx, *La lucha de clases en Francia de 1848 a 1850* y *El 18 Brumario de Luis Bonaparte*, Buenos Aires, Prometeo, 2004 y 2003 respectivamente; Geoffrey Ellis, «The Revolution of 1848-1849 in France», en R. J. W. Evans y Hartmut Pogge von Strandmann, *The Revolutions in Europe 1848-1849*, Nueva York, Oxford University Press, 2000, pp. 27-53; Louis Girard, *Les libéraux français, 1814-1875*, París, Aubier, 1985; Michelle Perrot, «1848, Révolution et prisons» en Michelle Perrot, *Les ombres de l'histoire. Crime et châtiment au XIXe siècle*, París, Flammarion, 2001, pp. 193-223. Roger Price, *The French Second Empire. An Anatomy of Political Power*, Cambridge, Cambridge University Press, 2001. Sobre los acontecimientos en Lyon, el otro escenario extremo de la revolución, véase Mary Lynn Stewart-McDougall, *The Artisan Republic. Revolution, Reaction and Resistance in Lyon, 1848-1851*, Gloucester, Allan Sutton, 1984.

9. Alan Palmer, *Metternich*, Londres, Weidenfeld and Nicolson, 1972; R. A. Kann y Zdenek V. David, *The Peoples of the Eastern Habsburg Lands, 1526-1918*, Seattle, University of Washington Press, 1984; Barbara Jelavich, *Modern Austria: Empire and Republic: 1815-1986*, Cambridge, Cambridge University Press, 1987; Hans A. Frambach, «Liberation of the Serfs: the End of Forced Labour?», en Jürgen Georg Backhaus, ed., *The Liberation of the Serfs. The Economics of Unfree Labor*, Nueva York, Springer, 2012, pp. 33-42.

10. Marco Meriggi, *Il Regno lombardo-veneto*, Turín, UTET, 1987; Denis Mack Smith, *Mazzini*, Milán, Rizzoli, 1993 y *Il risorgimento italiano. Storia e testi*, Roma, Laterza, 1987; Franco della Perutta, *I democratici e la rivoluzione italiana: dibattiti ideali e contrasti politici all'indomani del 1848*, Milán, Feltrinelli, 1958 y, como editor e introductor de los textos, *Democratici premazziniani, mazziniani e dissidenti*, Turín, Einaudi, 1979.

11. David E. Barclay, *Frederick William IV and the Prussian Monarchy 1840-1861*, Oxford, Oxford University Press, 1995; W. Koch, *A Constitutional History of Germany in the Nineteenth and Twentieth Centuries*, Londres, Longman, 1984; Gareth Stedman Jones, *Karl Marx. Greatness and Illusion*, Londres, Allen Lane, 2016; Mike Rapport. *1848. Year of the Revolution*, Nueva York, Basic Books, 2008. He utilizado los artículos publicados por

Karl Marx y Friedrich Engels en la *Nueva Gaceta Renana* en 1848, reunidos en OME, *Obras de Marx y Engels*, volúmenes 9 y 10, Barcelona, Crítica 1978-1979, completándolos con los artículos de Engels, aunque publicados con el nombre de Marx, en *Las revoluciones de 1848*, México, Fondo de Cultura Económica, 1989, pp. 423-50, y con el texto de los artículos publicados en 1851 y 1852 por el *New York Daily Tribune* que Eleanor Marx editó en 1896 con el título de *Revolution and Counter-Revolution or Germany in 1848*, atribuyéndoselos a su padre, bajo cuyo nombre aparecieron en los Estados Unidos (el texto de la introducción es importante porque Eleanor reproduce testimonios de su madre que describen de manera patética la pobreza en que vivía la familia durante los primeros años en Londres).

12. Sonsoles Cabeza Sánchez-Albornoz, *Los sucesos de 1848 en España*, Madrid, Fundación Universitaria Española, 1981. La interpretación de Ignacio García de Paso García, «El 1848 español. ¿Una excepción europea?», en *Ayer*, 106 (2017), pp. 185-206, que pretende identificar los acontecimientos españoles con las revoluciones europeas no es en absoluto convincente. El texto anónimo citado procede del folleto *Europa y España*, Madrid, Imprenta a cargo de J. Marquesi, 1848.

13. Sobre las consecuencias económicas y políticas de la abolición de las *corn laws*, véase Stephen J. Lee, *Aspects of British Political History, 1815-1914*, Londres, Routdlege, 1994, pp. 102-115 y Kevin H. O'Rourke y J. G. Williamson, *Globalization and History. The Evolution of a Nineteenth-Century Atlantic Economy*, Cambridge, Mass., MIT Press, 1999, pp. 77-92. Miquel Gutiérrez Poch, «"Oh, industria madre fecundísima". La doble revolución: revolución liberal, cambio político y revolución industrial en España», en *Áreas. Revista internacional de ciencias sociales*, 37 (2018), pp. 45-59.

14. Geoff Elley, *Un mundo que ganar. Historia de la izquierda en Europa, 1850-2000*, Barcelona, Crítica, 2003; A. James McAdams, *Vanguard of the Revolution. The Global Idea of the Communist Party*, Princeton, Princeton University Press, 2017; Jonathan Sperber, *Karl Marx. A Nineteenth-Century Life*, Nueva York, Liveright Publishing Corporation, 2013. Sobre la situación y sufrimientos de Marx durante los años de Londres, véase Jenny Marx, «Short Sketch of an Eventful Life», Institut Marksizma-Leninzma, *Reminiscences of Marx and Engels*, Moscú, Foreign Languages Publishing House, 1957, p. 225. Los testimonios actuales de reivindicación de *El capital* son abundantes, por ejemplo, Beil Irwin, «Is capital or labor winning at your favourite company? Introducing the Marx Ratio», en *New York Times*, 21 de mayo de 2018; John Bellamy Foster, «La crítica abierta de Marx», en *Sinpermiso*, 19 de junio de 2018, etc.

15. Una buena imagen de la revolución industrial británica desde el punto de vista de la historia económica tradicional en Roderick Floud y Donald McCloskey, eds., *The Economic History of Britain Since 1700*, vol. I (1700-1860), 2.ª ed., Cambridge, Cambridge University Press, 1994; Maxine Berg, *La era de las manufacturas*, Barcelona, Crítica, 1987. Sobre el trabajo de las mujeres, véase Maxine Berg, «What Difference Did Women's Work Make to the Industrial Revolution?», en *History Workshop*, 35 (1993), pp. 22-44; Sara Horrell y Jane Humphries, «Women's Labour Force Participation and the Transition to the Male-Breadwinner Family, 1790-1865», en *Economic History Review*, XLVIII (1995), pp. 89-117. Sobre la aportación del vapor, G. N. Von Tunzelman, *Steam Power and British Industrialization to 1860*, Oxford, Clarendon Press, 1978.

16. Joel Mokyr, *The Enlightened Economy. An Economic History of Britain 1700-1850*, New Haven, Yale University Press, 2009; en su último libro, *A Culture of Growth. The Origins of the Modern Economy*, Princeton, Princeton University Press, 2017, considera que el desarrollo técnico que hizo posible la revolución industrial fue resultado de una colaboración entre los grandes innovadores ilustrados y miles, «pero no cientos de miles», de ingenieros, técnicos y artesanos que supieron dar forma práctica a sus invenciones. Robert C. Allen, *The British Industrial Revolution in Global Perspective*, Cambridge, Cambridge University Press, 2009, «Why the Industrial Revolution Was British: Commerce, Induced Invention and the Scientific Revolution», en *Economic History Review*, 64 (2011), pp. 367-384 y, en la polémica con Humphries, «The High Wage Economy and the Industrial Revolution: a Restatement», en *Economic History Review*, 68 (2015), 1, pp. 1-22. Los planteamientos de Jane Humphries en «Childhood and Child Labour in the British Industrial Revolution», en *Economic History Review*, 66 (2013), 2, pp. 395-418 y «The Lure of Aggregates and the Pitfalls of the Patriarchal Perspective: a Critique of the High Wage Economy Interpretation of the British Industrial Revolution», en *Economic History Review*, 66 (2013), 3, pp. 693-714. Robert C. Allen utilizó también el tema de la *Spinning Jenny* para defender su teoría de que los salarios elevados fueron la causa de la mecanización y que la *Jenny* solo podía ser provechosa en Inglaterra: R. C. Allen, «The Industrial Revolution in Miniature: the Spinning Jenny in Britain, France and India», en *Journal of Economic History,* 69 (2009), n.º 4, pp. 901-927; esta tesis fue discutida por Ugo Granoglati, Daniele Moschella y Emanuele Pugliese, «The Spinning Jenny and the Industrial Revolution: a Reappraisal», en *Journal of Ecomic History*, 71 (2011), 2, pp. 455-460, que dio lugar a una réplica de Allen («The Spinning Jenny: a Fresh Look») en el mismo

número de la revista, pp. 461-463. La volvió a usar en un marco comparativo, en «Real Wages in Europe and Asia: a First Look at the Long-Term Patterns», en Robert C. Allen, *et al.*, eds., *Living Standards in the Past. New Perspectives on Well-Being in Asia and Europe*, Oxford, Oxford University Press, 2005, pp. 111-130. El testimonio de Ellen Hootton en Sven Beckert, *El imperio del algodón*, Barcelona, Crítica, 2016, pp. 220-221; Karl Marx, *El Capital*, I, 24 (véase también el apartado sobre el trabajo de mujeres y niños en el capítulo XIII, «Maquinaria y gran industria», del volumen I); Friedrich Engels, *La situación de la clase obrera en Inglaterra*, en OME 6, Barcelona, Crítica, 1978, pp. 403-426 (cita de p. 426). Sobre la suerte de los tejedores manuales, véase E. P. Thompson, *La formación de la clase obrera*, I, pp. 292-346.

17. Joshua G. Freeman, *Behemoth. A History of the Factory and the Making of the Modern World*, Nueva York, Norton, 2018, citas literales de pp. 25 y 40. Stephen Marglin, «What Do Bosses Do? The Origins and Functions of Hierarchy in Capitalist Production», *Review of Radical Political Economics* 1974. He utilizado también la traducción italiana «A che servono i padroni? Origini e funzioni della gerarchia nella produzione capitalistica», incluida en el volumen de David S. Landes, ed., *A che servono i padroni? Le alternative storiche dell'industrilizzazione*, Turín, Bollati Boringhieri, 1987, pp. 13-59.

18. Charles F. Sabel y Jonathan Zeitlin, «Historical Alternatives to Mass Production: Politics, Markets and Technology in Nineteenth Century Industrialization", en *Past and Present*, n.º 108 (agosto 1985), pp. 133-176, y *World of Possibilities. Flexibility and Mass Production in Western Industrialization*, Cambridge, Cambridge University Press, 1997; Lars Magnusson, *The Contest for Control. Metal Industries in Sheffield, Solingen, Remscheid and Eskistuna During Industrialization,* Oxford, Berg, 1994, pp. 1-23.

19. Eugène Buret, *De la misère des classes laborieuses en Angleterre et en France*, Bruselas, Société Typographique Belge, 1843, p. 531, publicado en un volumen con el título de *Cours d'économie politique*, con otras obras de A. Blanqui y P. Rossi. La cita de la memoria de Villermé, p. 692, procede de la reproducción del texto en Gallica. En la segunda mitad del siglo XIX, los teóricos sociales cambiaron esta interpretación que asocia la estatura a la pobreza por otra que la atribuye a la degeneración biológica de los pobres urbanos, cuya baja calidad de vida se debería a sus vicios y defectos. (Daniel Pick, *Faces of Degeneration, A European Disorder, c.1848-c.1928*, Cambridge, Cambridge University Press, 1989).

20. E. J. Hobsbawm, «The British Standard of Living, 1790-1850», en *Economic History Review*, 10 (1957), pp. 46-68, «The Standard of Living During the Industrial Revolution: A Discussion», en *Economic History Review*, 16 (1963), pp. 119-134; E. P. Thompson, «Niveles de vida y experiencias», en *La formación de la clase obrera en Inglaterra*, I, pp. 347-387; John Burnett, *Plenty and Want. A Social History of Diet in England from 1815 to the Present*, Harmondsworth, Penguin, 1968 y *A History of the Cost of Living*, Harmondsworth, Penguin, 1969; A. J. Taylor, ed., *The Standard of Living in Britain in the Industrial Revolution*, Londres, Methuen, 1975; N. F. R. Crafts, «National Income Estimates and the British Standard of Living Debate. A Reappraisal of 1801-1831», en *Explorations in Econmic History*, 17 (1980), pp. 176-188; Peter H. Lindert y Jeffrey G. Williamson, «English Workers' Living Standards During the Industrial Revolution: A New Look», en *Economic History Review*, 36 (1983), n.º 1; J. G. Williamson, *Did British Capitalism Breed Inequality?,* Londres, Allen and Unwin, 1985; Peter H. Lindert, «English Population, Wages and Prices: 1541-1913», en R. I. Rotberg y T. K. Rabb, eds., *Population and Economy, Population and History from the Traditional to the Modern World*, Cambridge, Cambridge University Press, 1986; Charles H. Feinstein, «Pessimism Perpetuated: Real Wages and the Standard of Living in Britain During and After the Industrial Revolution», en *Journal of Economic History*, 58 (1998), 3, pp. 625-658 (cita de p. 652).

21. John Komlos, «Shrinking in a Growing Economy? The Mystery of Physical Stature during the Industrial Revolution», en *Journal of Economic History*, 58 (1998), 3, pp. 779-802; Roderick Floud, Kenneth Wachter y Annabel Gregory, *Height, Health and History. Nutritional Status in the United Kingdom, 1750-1980*, Cambridge, Cambridge University Press, 1990; Roderick Floud *et al.*, *The Changing Body. Health, Nutrition, and Human Development in the Western World Since 1700*, Cambridge, Cambridge University Press, 2011.

22. Sobre las propuestas de salario mínimo, véase E. P. Thompson, *La formación de la clase obrera en Inglaterra,* I, pp. 212-213 y 229-232.

23. Marx, *El capital*, capítulo VIII, sección 3; Walter Benjamin, *Paris, capital du XIX*[e] *siècle. Le livre des passages*, París, Editions du Cerf, 1989, p. 45.

24. Judy L. Klein, *Statistical Visions in Time. A History of Time Series Analysis, 1662-1938*, Cambridge, Cambridge University Press, 1997; Ian Hacking, *The Taming of Chance*, Cambridge, Cambridge University Press, 1990; Edward Fullbrook, «This Intellectual Cult Threatening Us All», en *Real-World Economics Review Blog*, 6 de noviembre de 2017.

25. Adolphe Blanqui, *Histoire de l'économie politique en Europe*, Bruselas, Société Typographique Belge, 1843, p. 167; W. W. Rostow, *The Stages of Economic Growth: a Non-Communist Manifesto*, Cambridge, Cambridge University Press, 1960. Las cifras de rápido crecimiento propuestas por Rostow fueron criticadas en un debate de larga duración: N. F. R. Crafts, «British Economic Growth, 1700-1831: a Review of the Evidence», en *Economic History Review*, XXVI, n.º 2 (mayo 1983), pp. 177-199, y *British Economic Growth During the Industrial Revolution*, Oxford, Clarendon Press, 1985; C. Knick Harley, «British Industrialization Before 1841: Evidence of Slower Growth During the Industrial Revolution», en *Journal of Economic History*, XLII, n.º 2 (junio 1982), pp. 267-289; N. F. R. Crafts y C. K. Harley, «Output Growth and the British Industrial Revolution: a Restatement of the Crafts-Harley View», en *Economic History Review*, XLV (1992), n.º 4, pp. 703-730; David Greasley y Les Oxley, «Rehabilitation Sustained: the Industrial Revolution as a Macroeconomic Epoch», en *Economic History Review*, XLVII (1994), n.º 4, pp. 760-768, etc.

Epílogo: Una reflexión sobre la visibilidad histórica del capitalismo

1. Elinor Ostrom, *Governing the Commons. The Evolution of Institutions for Collective Action*, Cambridge, Cambridge University Press, 1990.

2. C. P. Chandrasekhar, «The Indiscret Aggression of the Bourgeoisie», en *IDEAS*, 3 de julio de 2018.

3. Una gráfica sobre la afiliación a los sindicatos comparada con la parte del ingreso total conseguido por el 10 % de los más ricos en los Estados Unidos entre 1917 y 2014 muestra que mientras que en los años sesenta, con una afiliación màxima de más del 30 % a los sindicatos, la parte de los ingresos de los más ricos era de un 30 %, en 2013, cuando la sindicación había caído al 11,1 %, los ingresos de los más ricos eran del 47,2 % (*Real-World Economics Review Blog*, 4 de febrero de 2018). Josh Bivens *et al.*, «How Today Unions Help Working People», en *Economic Policy Institute*, 24 de agosto de 2017; David Schuktz, «With Unemployment so Low Why are Wages Stagnant?», en *Counterpunch,* 8 de mayo de 2018. Susan Dynarski, «Fresh Proof that Strong Unions Help Reduce Income Inequality», en *New York Times*, 6 de julio de 2018; Mary Bottari, «Behind Janus: Documents Reveal Decade Long Plot to Kill Public-Sector Unions», en *In These Times*, marzo de 2018.

4. David Ruccio, «Their Beautiful Recovery. Unemployment and Wages», en *Real-World Economics Review Blog*, 9 de mayo de 2018. Pete Dolack, «Hiding the Real Number of Unemployed» en *Counterpunch*, 8 de junio de 2018. Lauren Bauer y Diane Whitmore Schansenbach, «Children's Exposure to Food Insecurity is Still Worse Than it was Before the Great Recessions», en *Brookings*, 29 de junio de 2018; Paul Buchheit, «More Evidence That Half of Americans Are In or Near Poverty», en *Truthout*, 2 de julio de 2018; Jared Bernstein, «Why Real Wages Still Aren't Rising?», en *New York Times*, 18 de julio de 2018.

5. Peter Bakvis, «The World Bank's Troubling Vision For the Future of Work», en *Truthout*, 12 de abril de 2018.

6. He utilizado en estas líneas una serie de trabajos recientes de David Ruccio, profesor de economía de la University of Notre Dame, aparecidos en el *Real-World Economics Review Blog*, como «Lines» (4 de diciembre de 2017), «Whose Recovery» (7 de diciembre), «How Low Can It Go?» (8 de diciembre). Además de Jay Shambaugh y Ryan Nunn, «Why Wages Aren't Growing in America?», en *Brookings* 14 de noviembre de 2017; Nitin Nohria, «The Lines That Divide America», en *The Atlantic*, 2 de diciembre de 2017 y Liz Alderman, «Europe's Thirst For Cheap Labor Fuels a Boom in Disposable Workers», en *New York Times*, 11 de diciembre de 2017. Editorial, «Farmworkers Are Treated Unfairly in California», en *Los Angeles Times*, 25 de mayo de 2016; Ariel Ron y Dael Norwood, «America Cannot Bear to Bring Back Indentured Servitude», en *The Atlantic*, 28 de marzo de 2018; Fabiana Frayssinet, «Child Slavery Refuses to Disappear in Latin America», en *Inter Press Service*, 14 de mayo de 2018.

Sobre la *gig economy*, Chris Hedges, «The Gig Economy is the New Term for Serfdom», en *Alternet*, 25 de marzo de 2018; Ginia Bellafante, «A Driver's Suicide Reveals the Dark Side of the Gig Economy», en *New York Times*, 6 de febrero de 2018; Editorial, «The Gig Economy's False Promise», en *New York Times*, 10 de abril de 2017; Jenny L. Lieberman, «What's Really New About the Gig Economy?», en *Counterpunch*, 23 de junio de 2017; Janine Berg y Valerio Di Stefano, «It's Time to Regulate the Gig Economy», en *OpenDemocracy*, 18 de abril de 2017; Jessica Bruder, «How the Gig Economy Has Created Permanent Low-Wage Nomads», en *Alternet*, 26 de septiembre de 2017; Robert Maxim y Mark Muro, «Rethinking Worker Benefits For an Economy in Flux», en *Brookings*, 30 de marzo de 2018; Dean Baker, «Killing the Myth of the Gig Economy», en *Common Dreams*, 8 de junio de 2018; Kim Moody, «Where's the "Gig Economy"?», en *Jacobin*, 23 de junio de 2018; Marcela Escobari y Sandy Fernandez, «Measuring

American Gig Workers Is Difficult, But Essential», en *Brookings*, 19 de julio de 2018.

7. «The Color of Justice: Racial and Ethnic Disparity in State Prisons», en *The Sentencing Project*, 14 de junio de 2016; Inimai M. Cherniai y Natasha Xamhi, «The Hidden Bearers of Mass Incarceration: Women», en *Brennan Center for Justice*, 17 de julio de 2017; Heather Ann Thompson, «What's Hidden Behind the Walls of US Prisons», en *The Conversation*, 14 de junio de 2017; Sophie Tesfaye, «A Return to Debtors' Prisons: Jeff Sessions' War on the Poor», en *Salon,* 31 de diciembre de 2017; Mark Karlin, «Jailing the Poor for Fines and Bail Is a Government-Operated Loan Shark Operation», en *Truthout*, 4 de febrero de 2018; Jean Trounstine, «Fighting the Fees That Force Prisoners to Pay for Their Incarceration», en *Truthout,* 6 de mayo de 2018.

8. Jan Hoffman, «Sex and Drugs Decline Among Teens, But Depressions and Suicidal Thoughts Grow», en *New York Times*, 14 de junio de 2018. Sobre los estímulos positivos, véase Lara Gómez Ruiz, «El libro que Bill Gates regalará a todos los que se gradúen este año en EE.UU», en *La Vanguardia*, 15 de julio de 2018.

9. Homi Kharas *et al.*, «The Start of a New Poverty Narrative», en *Brookings*, 19 de junio de 2018; la cifra de pobres es la del «World Poverty Clock».

10. Coordinadora Europea de la Vía Campesina, «Liberen a los campesinos de los tratados de libre comercio», en *La Vía Campesina*, 17 de abril de 2018.

11. Las dos fuentes esenciales utilizadas para describir la situación actual del *landgrabbing* son: GRAIN, *The Global Farmland Grab in 2016: How Big, How Bad?*, 14 de junio de 2016, y Pablo F. Luna, «Le *landgrabbing*, une contre-réforme agraire?» en *Belin*, 2016/4, n.º 54, pp. 157-182. En América Latina el problema se complica con las luchas de los campesinos indígenas por recuperar sus tierras: Renata Bessi *et al.*, «Communal Lands Theater of Operations for the Counterinsurgency», en *Truthout*, 11 de agosto de 2014; Jonathan Watts, «Battle for the Mother Land: Indigenous Peoples of Colombia Fighting for Their Lands», en *The Guardian*, 29 de octubre de 2017; Iciar Gutiérrez, «Mientras sigan asesinando a líderes negros e indígenas no podemos hablar de paz en Colombia», en *eldiario.es*, 23 de noviembre de 2017; «Comunicado de ECVC ante la represión de campesinos colombianos», *La Vía Campesina*, 13 de octubre de 2017. Un noticiario actualizado de la evolución del *landgrabbing* puede encontrarse en el sitio farmlandgrabbing.org.

12. Nina Lakham, «Una investigación culpa las élites hondureñas de los asesinatos de activistas», en *eldiario.es/The Gardian*, 1 de febrero de 2017;

Amy Goodman y Juan González, «Shocking New Investigation Links Berta Caceres's Assassination to Executives at Honduran Dam Company», en *Truthout*, 1 de noviembre de 2017; Gabriela Sánchez, «El riesgo de ser activista en Honduras es aún mayor que cuando Berta Cáceres fue asesinada», *eldiario.es*, 1 de marzo de 2018; «Berta Cáceres: Honduras Executive Held Over Dam Activist's Murder», *BBC news*, 3 de marzo de 2018. Sandra Cuffe, «U.S. Trained Special Forces Joined Police Crackdown on Dam Protesters in Honduras», en *Truthout*, 17 de mayo de 2018; Heater Gies, «Battle for Water Rights Heats up in El Salvador», en *Iruthout*, 5 de agosto de 2018.

13. Rob Evans, «Empresas de vigilancia espiaron a activistas por encargo de multinacionales», en *eldiario.es*, 12 de diciembre de 2017; Jake Johnson, «Leaked Documents Expose How Corporations Use Spies to Subvert People's Movements Worldwide», en *Common Dreams*, 12 de diciembre de 2017; Mikaela Weisse y Ruth Nogueron, «Indigenous Communities Fend Off Invaders in the Peruvian Amazon», en *World Resources Institute*, 7 de septiembre de 2017; «La ONU denuncia el asesinato este año de 105 activistas colombianos», en *El País*, 22 de diciembre de 2017, p. 4; Carole Excell y Alejandra Rodríguez, «4 Environmental Activists Are Murdered Every Week», en *World Resources Institute*, 26 de febrero de 2018; «La Vía Campesina Internacional condena asesinato de militantes del MST y demanda justicia», 2 de febrero de 2017; Javier Ciurlizza, «Temistocles Machado Adds to the Long List of Human Rights Defenders Murdered in Colombia», en *Open Democracy*, 6 de marzo de 2018; Marcela Osorio Granados, «Colombia: ¿Qué hay detrás de los asesinatos de líderes sociales en el país?», en *SinPermiso*, 7 de julio de 2018; Jeff Abbott, «The Assassinations of Indigenous Leaders in Guatemala Trigger Fear as Political Cycle Begins», en *Truthout*, 22 de julio de 2018.

14. David Leonhardt, «A Time for Big Economic Ideas», en *New York Times*, 22 de abril de 2018.

ÍNDICE

Esta obra, publicada por CRÍTICA
se acabó de imprimir en los talleres
de Liberdúplex en mayo de 2019